高职高专"十二五"规划教材

冶金过程检测技术

宫娜 主编

北　京
冶金工业出版社
2015

内 容 提 要

本书共分 6 个情境，每个情境从学习目标、工作任务、实践操作、知识学习等方面展开介绍。主要内容包括：传感器的使用、测量电路与温度测量、力参数测量、流量测量、物料称量与物位检测、轧件尺寸测量。

本书可作为冶金技术、材料成型与控制技术和金属制品加工技术专业检测控制技术课程的教学用书，也可供其他从事测试技术工作的工程技术人员参考。

图书在版编目(CIP)数据

冶金过程检测技术/宫娜主编 . —北京：冶金工业出版社，2015.7

高职高专"十二五"规划教材

ISBN 978-7-5024-6935-1

Ⅰ.①冶… Ⅱ.①宫… Ⅲ.①冶金过程—自动检测—高等职业教育—教材 Ⅳ.①TF01

中国版本图书馆 CIP 数据核字(2015)第 151701 号

出 版 人 谭学余

地　　址　北京市东城区嵩祝院北巷 39 号　邮编　100009　电话　(010)64027926

网　　址　www.cnmip.com.cn　电子信箱　yjcbs@cnmip.com.cn

责任编辑　贾怡雯　美术编辑　杨　帆　版式设计　葛新霞

责任校对　郑　娟　责任印制　李玉山

ISBN 978-7-5024-6935-1

冶金工业出版社出版发行；各地新华书店经销；三河市双峰印刷装订有限公司印刷

2015 年 7 月第 1 版，2015 年 7 月第 1 次印刷

787mm×1092mm　1/16；8.5 印张；199 千字；124 页

25.00 元

冶金工业出版社　投稿电话　(010)64027932　投稿信箱　tougao@cnmip.com.cn

冶金工业出版社营销中心　电话　(010)64044283　传真　(010)64027893

冶金书店　地址　北京市东四西大街 46 号(100010)　电话　(010)65289081(兼传真)

冶金工业出版社天猫旗舰店　yjgycbs.tmall.com

(本书如有印装质量问题，本社营销中心负责退换)

天津冶金职业技术学院材料成型与控制技术专业及冶金技术专业"十二五"规划教材编委会

编委会主任

孔维军（正高级工程师）　　天津冶金职业技术学院教学副院长

刘瑞钧（正高级工程师）　　天津冶金集团轧一制钢有限公司副总经理

编委会副主任

张秀芳（副教授）　　　　　天津冶金职业技术学院冶金工程系主任

张　玲（正高级工程师）　　天津冶金集团无缝钢管有限公司副总经理

编委会委员

天津冶金集团天铁轧二有限公司：刘红心

天津钢铁集团：高淑荣

天津冶金集团天材科技发展有限公司：于庆莲

天津冶金集团轧三钢铁有限公司：杨秀梅

天津冶金职业技术学院：于　晗　刘均贤　王火清　臧焜岩　董　琦

　　　　　　　　　　　李秀娟　柴书彦　杜效侠　宫　娜　贾寿峰

　　　　　　　　　　　谭起兵　王　磊　林　磊　于万松　李　勋

　　　　　　　　　　　李碧琳　冯　丹　张学辉　赵万军

序

2011 年，是"十二五"开局年，我院继续深化教学改革，强化内涵建设。以冶金特色专业建设带动专业建设，完成了冶金技术专业作为中央财政支持专业建设的项目申报，形成了冶金特色专业群。在教学改革的同时，教务处试行项目管理，不断完善工作流程，提高工作效率；规范教材管理，细化教材选取程序；多门专业课程，特别是专业核心课程的教材，要求其内容更加贴近企业生产实际，符合职业岗位能力培养的要求，体现职业教育的职业性和实践性。

我院还与天津市教委高职高专处联合召开"天津市高职高专院校经管类专业教学研讨会"，聘请国家高职高专经济类教学指导委员会专家作专题讲座；研讨天津市高职高专院校经管类专业教学工作现状及其深化改革的措施，对天津市高职高专院校经管类专业标准与课程标准设计进行思考与探索；对"十二五"期间天津高职高专院校经管类专业教材建设进行研讨。

依据研讨结果和专家的整改意见，为了推动职业教育冶金技术专业教育改革与建设，促进课程教学水平的提高，我们组织编写了冶炼方向职业教育系列教材。编写前，我院与冶金工业出版社联合举办了"天津冶金职业技术学院'十二五'冶金类教材选题规划及教材编写会"，并成立了"天津冶金职业技术学院材料成型与控制技术专业及冶金技术专业'十二五'规划教材编委会"，会上研讨落实了高职高专规划教材及实训教材的选题规划情况，以及编写要点与侧重点，并确定了第一批的 8 种规划教材，即《钢管生产》、《冶金过程检测技术》、《型钢生产》、《钢丝的防腐与镀层》、《金属塑性变形与轧制技术》、《连铸生产操作与控制》、《炼钢生产操作与控制》和《炼铁生产操作与控制》。第二批规划教材，如《冶炼基础知识》等也陆续开始编写。这些教材涵盖了钢铁生产主要岗位的操作知识及技能，所具有的突出特点是：理实结合、注重实践。编写人员是有着丰富教学与实践经验的教师，有部分参编人员来自企业生产一线，他们提供了可靠的数据和与生产实际接轨的新工艺新技术，保证了本系列教材的编写质量。

本系列教材是在培养提高学生就业和创业能力方面的进一步探索和发展，符合职业教育教材"以就业和培养学生职业能力为导向"的编写思想，相信它对贯彻和落实"十二五"时期职业教育发展的目标和任务，以及对学生在未来职业道路中的发展具有重要意义。

天津冶金职业技术学院　　教学副院长　　孔维军

2014 年 8 月

前　言

　　本书根据该课程涉及的学科面广、实践性强、内容分散、缺乏系统性和连续性的特点，深入浅出地分析了各种测量技术和仪表的原理和特点，避免了繁琐的理论推导，注意同参数、不同测量仪表间的相互比较，增强了实际应用方面的知识。本书尽可能地反映了国内外检测技术领域的新成果、新进展，充分体现了高等职业教育培养应用性人才的宗旨，有利于培养学生分析问题、解决问题的能力。

　　本书可以作为冶金技术、材料成型与控制技术和金属制品加工技术专业检测控制技术课程的教学用书，也可供其他专业从事测试技术工作的工程技术人员参考。

　　参加本书编写工作的有天津冶金职业技术学院冶金工程系专业教师宫娜（情境1、情境2、情境6）、李秀娟（情境3、情境5）、冯丹（情境4）。

　　由于检测技术发展较快，编者水平有限，书中不妥之处，敬请读者批评指正。

编　者
2015 年 3 月

目　录

情境 1　传感器的使用

1.1　任务 1 参量式传感器的使用

1.1.1　学习目标

知识目标：

（1）非电量电测系统；

（2）传感器的基本概念及分类；

（3）传感器的作用；

（4）电阻式传感器、电容式传感器、电感式传感器和磁电式传感器的适用范围及工作特点。

技能目标：

（1）非电量传感器应用范围的选择；

（2）传感器精度控制；

（3）根据使用场合进行传感器的选型。

1.1.2　工作任务

（1）认识各种参量型传感器；

（2）熟悉传感器测量系统组成部分及线路连接；

（3）电阻应变片式传感器的贴片、接线。

1.1.3　实践操作

（1）传感器测量系统线路连接；

（2）用应变片式传感器实测微小应变值。

1.1.4　知识学习

将被测的物理量转换为与之相对应的、且容易检测与传输或处理的信号装置，称为传感器。

传感器类似人类的感觉器官，借助于传感器可以去探索那些人们无法用感觉直接测量的事物，例如用热电偶，可以测量炽热物体的温度，用红外线遥感器可以从高空探测地球上的植被和污染情况等。因此可以说，传感器是人们认识事物的有力工具。近代，随着测量、控制及信息技术的发展，传感器作为这些领域里的一个重要部件，受到了普遍的重视。深入研究传感器的作用和原理，研制新型传感器，对于工业生产中自动测量和自动控制的发展以及在科技领域里实现现代化都具有重要意义。

　　在现代机械工程领域里，为适应自动化技术的发展，出现了智能传感器，即传感器与微处理器相结合，它具有辨认、识别和判断的功能。这一新进展，无疑对现代工业技术的发展将起着重要作用。

1.1.4.1　传感器的作用

　　非电量电测系统中传感器的作用是把被测物理量转换为与其对应的电信号。它有两个作用：一是敏感作用，它感受被测物理量的变化，以完成对被测对象的信号拾取；二是变换作用，完成非电量到电量的转换。对应于上述两个作用，传感器一般由两个部件组成，即敏感元件和变换元件。敏感元件首先将被测物理量变换成一种易于变换成电量的非电量，然后经变换元件将其变换成电量。但有些传感器是由兼有敏感作用和变换作用的元件构成。

　　根据传感器的变换原理，可将传感器分为参量型和发电型两种。

　　参量型传感器在感受外界被测量后，直接输出的不是电压或电流量，而是改变其自身的参量（如电阻 R、电容 C、电感 L）。根据这些参量的不同，参量型传感器有电阻式传感器、电容式传感器和电感式传感器。由于这类传感器只能输出随被测量变化的参量信号，因此在使用时，必须将其接入电桥或谐振电路等线路中，以便将这些参量信号变成电压或电流信号。

　　发电型传感器在感受外界被测量后，输出电压或电流信号，可直接与测量电路连接。这类传感器可等效为电压源或电流源，如磁电式传感器、压电式传感器、热电偶传感器都属于发电型传感器。

1.1.4.2　传感器的分类

A　电阻式传感器

电阻式传感器是把被测量（如位移、力等）转换为电阻变化的一种传感器。按其工作原理可分为电位计式和电阻应变式两类。

a　电位计式传感器

电位计式传感器的工作原理是通过改变电位计触头位置，实现将位移转换为电阻的变化。当电阻丝直径与材质一定时，电阻随导线长度而变化。

常用的电位计式传感器有直线位移型和角位移型，如图 1−1 所示。

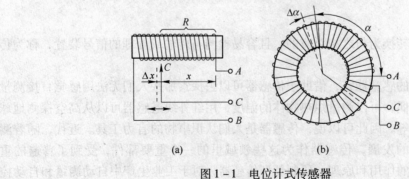

图 1−1　电位计式传感器

（a）直线位移型；（b）角位移型

图 1-1(a) 为直线位移型，当被测位移变化时，触点 C 沿电位计移动。如只移动 x，则 C 点与 A 点之间电阻

$$R = k_1 x \qquad (1-1)$$

传感器灵敏度

$$s = \frac{\mathrm{d}R}{\mathrm{d}x} = k_1 \qquad (1-2)$$

式中 k_1——导线单位长度的电阻，Ω/m。

图 1-1 (b) 为角位移型电位计式传感器，其阻值随转角而变化。传感器灵敏度

$$S = \frac{\mathrm{d}R}{\mathrm{d}\alpha} = k_\alpha \qquad (1-3)$$

式中 α——转角，（°）；

k_α——单位弧度对应的电阻值，Ω。

电位计式传感器的后接电路，一般采用电阻分压电路，如图 1-2 所示。在直流激励电压 e 作用下，这种传感器将位移转换为输出电压的变化。这种电位计式压力传感器的工作原理如图 1-3 所示，弹性敏感元件膜盒 1 的内腔通入被测流体压力，在此压力的作用下，膜盒中心产生位移，通过杠杆 2 带动电刷在电阻丝 3 上滑动，输出与被测压力成正比的电压信号。

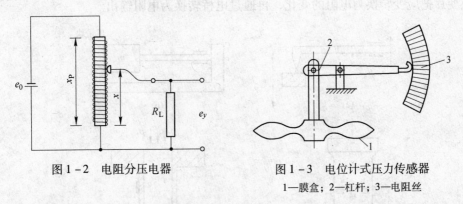

图 1-2　电阻分压电器　　　　图 1-3　电位计式压力传感器

1—膜盒；2—杠杆；3—电阻丝

电位计式传感器结构简单，性能稳定可靠，输出功率大，可直接输入指示仪表，故工程上经常使用。但由于分辨力有限，精度不高，且动态响应差，故不适于测快速变化过程。

b　电阻应变式传感器

电阻应变片作为敏感元件广泛用于受力构件的应力和应变测量。它可以测量一切通过敏感元件可转换成应变的非电量，如力、位移、加速度等。在使用时通常将应变片接入测量电桥，以便将电阻的变化量变成电压输出。电阻应变式传感器的应用可概括为两个方面：

（1）直接用来测定结构的应变或应力。例如，为了研究机械、桥梁、建筑等的某些构件在工作状态下的受力、变形情况，将应变片贴在构件的预定部位，可以测得构件的拉、压应力，扭矩或弯矩等，为结构设计和应力校核等提供可靠的实验数据。图 1-4 所示为构件应力测定的应用实例。

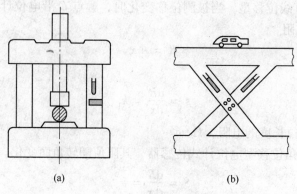

图 1-4　构件应力测定

（a）液压机立柱应力；（b）桥梁构件应力

（2）将应变片贴于弹性元件上，作为测量力、位移、压力、加速度等物理参数的传感器。这时，弹性元件得到与被测量成正比的应变，再由应变片转换为电阻的变化。典型的应用实例如图 1-5 所示。其中，加速度传感器由悬臂梁、质量块、基座组成。测量时，基座固定在振动体上，悬臂梁相当于惯性系统的"弹簧"。工作时，梁的应变与质量块相对于基座的位移成正比。因此，在一定的频率范围内，其应变与振动速度成正比。贴在梁上的应变片把应变转换为电阻的变化，再通过电桥转换为电阻输出。

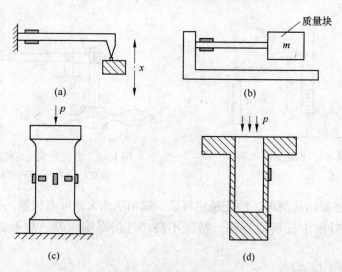

图 1-5　典型应变式传感器

（a）位移传感器；（b）加速度传感器；（c）柱式测力传感器；（d）筒式压力传感器

电阻应变式传感器具有体积小，动态响应快，测量精度高，使用简便等优点，在工业上得到广泛应用。

B　电感式传感器

电感式传感器是将被测的变化量转换成电感量的变化，其变换是基于电磁感应原理。按照变换方式的不同可分为自感型和互感型两大类。

a　可变磁阻式传感器

可变磁阻式传感器的结构原理如图 1-6 所示。它由线圈、铁芯和衔铁组成，在铁芯与衔铁之间有空气隙 δ。根据电工学知识，线圈的自感 L 可以写成

$$L = \frac{N^2}{R_m} \qquad (1-4)$$

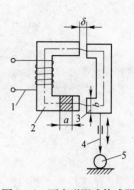

式中　N——线圈匝数；

　　　R_m——磁阻，H^{-1}。

如果空气隙 δ 较小，而且不考虑磁路的铁损时，则总磁阻

$$R_m = \frac{l}{\mu A} + \frac{2\delta}{\mu_0 A_0} \qquad (1-5)$$

图 1-6　可变磁阻式传感器
1—线圈；2—铁芯；3—衔铁；
4—测杆；5—被测件

式中　l——铁芯导磁长度，mm；

　　　μ——铁芯磁导率，H/m；

　　　A——铁芯导磁截面积，$A = a \times b$，mm^2；

　　　δ——气隙长度，m；

　　　μ_0——空气磁导率；

　　　A_0——空气隙导磁横截面积，mm^2。

因为铁芯磁阻与空气隙的磁阻相比是很小的，计算时可忽略，故

$$R_m \approx \frac{2\delta}{\mu_0 A_0} \qquad (1-6)$$

则

$$L = \frac{N^2 \mu_0 A_0}{2\delta} \qquad (1-7)$$

此式表明，自感 L 与气隙长度成反比，而与气隙导磁面积 A_0 成正比。当固定 A_0，变化 δ 时，L 与 δ 呈非线性关系，此时传感器灵敏度

$$s = -\frac{N^2 \mu_0 A_0}{2\delta^2} \qquad (1-8)$$

灵敏度 s 与气隙长度的平方成反比，δ 愈小，灵敏度愈高。由于 s 不是常数，故会出现非线性误差，为了减小这一误差，通常规定在较小间隙范围内工作，这时可近似地视 s 为常数。

图 1-7 列出了几种常用可变磁阻式传感器的典型结构。图 1-7(a) 是可变导磁面积型，其自感 L 与 A_0 呈线性关系，这种传感器灵敏度较低。图 1-7(b) 是差动型，衔铁位移时，可以使两个气隙按 $\delta_0 + \Delta\delta$、$\delta_0 - \Delta\delta$ 变化，一个线圈自感增加，另一个线圈自感减小，将两个线圈接于电桥的相邻桥臂时，其输出灵敏度可提高一倍，并改善了线圈特性。图 1-7(c) 是单螺管线圈型，当铁芯在线圈中运动时，将改变磁阻，使线圈自感发生变化。这种传感器结构简单，制造容易，但灵敏度低，适用于较大位移的测量。图 1-7(d) 是双螺管线圈差动型，较之单螺管线圈有较高的灵敏度及线性，被用于电感测微计上，其测量范围为 $0 \sim 300\mu m$。

b　差动变压器式电感传感器

这种传感器是利用了电磁感应中的互感现象，如图 1-8 所示。当线圈 w 输入交流电流 i_1 时，线圈 w_2 产生感应电动势 e_{i2}，其大小与电流 i_1 的变化率成正比，即

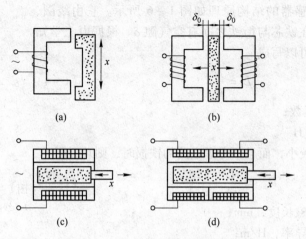

图 1 - 7　可变磁阻式传感器典型结构

（a）可变导磁面积型；（b）差动型；（c）单螺管线圈型；（d）双螺管线圈差动型

$$e_{i2} = - M \frac{\mathrm{d}i_1}{\mathrm{d}t} \qquad (1-9)$$

式中　M——互感系数，其大小与两线圈相对位置及周围介质的导磁能力等因素有关，它
　　　　表明两线圈之间的耦合程度。

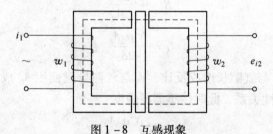

图 1 - 8　互感现象

　　这种传感器实质上就是一个变压器，其初级线圈接入稳定交流电源，次级线圈则感应
输出电压。当被测参数使互感系数 M 变化时，次级线圈输出电压也产生相应变化。由于
常采用两个次级线圈组成差动式，故又称为差动变压器式传感器。实际应用较多的是螺管
型差动变压器，其工作原理如图 1 - 9（a）、（b）所示。变压器由初级线圈 w 和两个参数完
全相同的次级线圈 w_1、w_2 组成，线圈中心插入圆柱形铁芯 p，次级线圈 w_1 及 w_2 反极性串
联。当初级线圈 w 加上交流电压时，次级线圈 w_1 和 w_2 分别产生感应电势 e_1 与 e_2，其大小
与铁芯位置有关。当铁芯在中心位置时，$e_1 = e_2$，输出电压 $e_0 = 0$；铁芯向上运动时，$e_1 >$
e_2；向下运动时，$e_1 < e_2$。随着铁芯偏离中心位置，e_0 逐渐增大，其输出特性如图 1 - 9
（c）、（d）所示。

　　差动变压器式传感器，具有测量精度高、线性范围大、稳定性好和使用方便等特点，
被广泛应用于直线位移，或可能转换为位移变化的压力、质量等参数的测量。

　　C　涡流式传感器

　　根据电磁感应原理可知，当金属板置于变化着的磁场中或在磁场中运动时，金属板内
就要产生感应电流，这种电流在金属体内是闭合的，所以称为涡流。

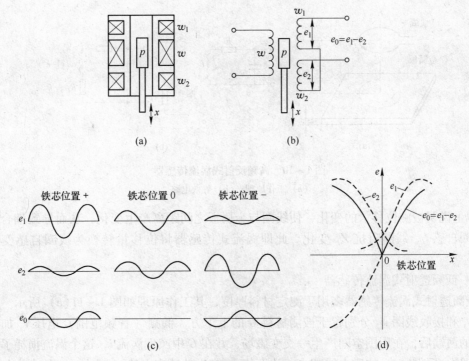

图 1 - 9　差动变压器式传感器工作原理

涡流的大小与金属板的电阻率 ρ、磁导率 μ、厚度 h，以及金属板与线圈的距离、激励电流角频率等参数有关。若固定其他参数，仅改变其中某一参数，就可以根据涡流效应测定该参数的变化。

涡流式电感传感器可分为高频反射式和低频透射式两类。

a　高频反射式涡流传感器

高频反射式涡流传感器工作原理如图 1 - 10(a) 所示，高频（1MHz 以上）激励电流 i 施加于邻近金属板一侧的线圈，由线圈产生的高频电磁场作用于金属板的表面。由于集肤效应，在金属板表面层内产生交变磁场，反作用于线圈磁通，由此而引起的线圈自感 L 或线圈阻抗 Z_L 的变化。Z_L 的变化程度取决于线圈至金属板之间的距离 x、金属板的电阻率 ρ、磁导率 μ 以及激励电流 i 的幅值与角频率 ω 等。关于金属板表层感生电流对线圈的反作用可用等效电路来说明，如图 1 - 10(b) 所示。电感 L_E 表示金属板对涡流呈现的等效电感，R_E 表示金属板上涡流的等效损耗电阻，互感系数 M 表示 L_E 与原线圈自感 L 之间的相互作用程度，R 为原线圈的损耗电阻，C 为线圈与装置的分布电容。考虑到涡流的反射作用，并考虑到 $\omega L_E \gg R_E$，则线圈阻抗 Z_L 可用下式表示：

$$Z_L = R + R_E \frac{L}{L_E} k^2 + j\omega L(1 - k^2) \tag{1 - 10}$$

式中　k——耦合系数，$k^2 = M^2 / LL_E$。

由上式可以说明，阻抗 Z_L 包括了实数与虚数两部分。Z_L 的实数部分中与金属板涡流损耗电阻 R_E 有关；其虚数部分只与耦合系数 k 有关，而 k 值的大小取决于金属板与线圈之间的距离 x。

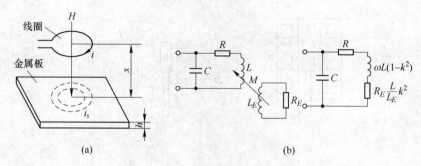

图 1 - 10　高频反射式涡流传感器

(a) 工作原理；(b) 等效电路

以上说明被测位移量的变化，使线圈与金属板之间距离产生变化，从而导致耦合系数 k、线圈自感 L、线圈阻抗 Z_L 变化。此即涡流式传感器将位移量转换为线圈自感变化的原理。

　　b　低频透射式涡流传感器

低频透射式涡流传感器多用于测定材料厚度，其工作原理如图 1 - 11(a) 所示。发射线圈 w_1 和接收线圈 w_2 分别置于被测材料 G 的上下方，低频（音频范围）电压 e_1 加到线圈 w_1 的两端后，在周围空间产生一交变磁场，并在 G 中产生涡流 i，这个涡流损耗了部分磁场能量，反贯穿 w_2 的磁力线减少，从而使 w_2 产生的感应电势 e_2 减小，e_2 的大小与金属板厚度及材料性质有关。理论与实践证明，e_2 随材料厚度 h 的增加按负指数规律减小，如图 1 - 11(b) 所示，因而利用 e_2 的变化即可测定材料的厚度。

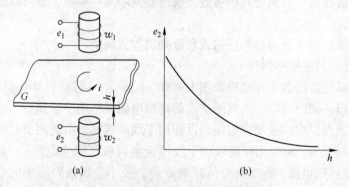

图 1 - 11　低频透射式涡流传感器

(a) 工作原理；(b) 感应电势 e_2 与材料厚度 h 的关系

涡流式传感器具有使用简单可靠、灵敏度高、非接触测量等一系列优点。目前涡流式测厚仪、无损探伤仪等在机械、冶金等工业中日益得到广泛应用。

　　D　电容式传感器

电容式传感器是把被测量如位移等参数变换为电容变化的一种传感器，它实质上是具有一个可变参数的电容器，在多数情况下，是由两平行板组成，它的电容量可用下式表示

$$C = \frac{\varepsilon_0 \varepsilon A}{\delta} F \qquad (1 - 11)$$

式中　ε——极板间介质的相对介电常数，在空气中 $\varepsilon = 1$；

ε_0——真空中介电常数，$\varepsilon_0 = 8.85 \times 10^{-12} F/m$；

A——两平行板相互覆盖的面积，m^2；

δ——两极板间的距离，m。

由上式可见，在 δ、A、ε 三个参量中，只要保持其中两个不变，而仅改变一个参数，均可以使电容量 C 改变，也就是说，可以把三个参量中任意一个量的变化变换为电容量的变化，这就是电容传感器的工作原理。电容式传感器可分为极距变化型、面积变化型和介质变化型三类。在实际应用中，前两种应用较广。

a 极距变化型电容传感器

根据式（1-9），如果两极板相互覆盖面积及极间介质不变，则电容 C 与极距 δ 呈非线性关系，如图 1-12 所示。这时当极距有一微小变化，引起电容变化量为

$$dC = -\varepsilon_0\varepsilon A \frac{1}{\delta^2}d\delta \tag{1-12}$$

由此可以得到传感器灵敏度

$$s = \frac{dC}{d\delta} = -\varepsilon_0\varepsilon A \frac{1}{\delta^2} \tag{1-13}$$

可见，灵敏度 s 与极距平方成反比，极距越小，灵敏度越高。显然，灵敏度随极距而变化将引起非线性误差。为此，通常规定电容式传感器在极小极距范围内工作，使之获得近似线性关系。

在实际应用中，常采用差动式电容传感器（如图 1-13 所示）。这种传感器的优点是灵敏度可提高一倍，并且工作稳定性好。

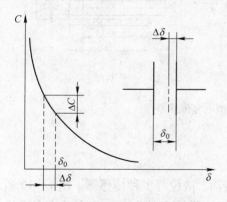

图 1-12 极距变化型电容传感器

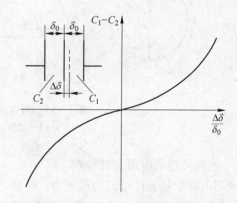

图 1-13 差动式电容传感器及其输出特性

极距变化型电容式传感器的优点是动态响应快、灵敏度高，可进行非接触测量。但由于输出非线性特性及与之配合使用的电子线路比较复杂，因此使用范围受到一定限制。

b 面积变化型电容传感器

改变面积的电容式传感器，一般常用的有角位移型与线位移型两种。

图 1-14(a) 为角位移型，当动板有一转角时，与定板之间相互覆盖面积就变化，因而导致电容量变化。因此覆盖面积为

$$A = \frac{\alpha r^2}{2} \tag{1-14}$$

式中 α——覆盖面积对应的中心角，（°）；

r——极板半径，mm。

故其电容量 C 和传感器灵敏度 s 分别为

$$C = \frac{\varepsilon_0 \varepsilon \alpha r^2}{2\delta}, \quad s = \frac{dC}{d\alpha} = \frac{\varepsilon_0 \varepsilon r^2}{2\delta} = 常数 \qquad (1-15)$$

图 1-14(b) 为平面线位移型电容传感器，当动板沿 x 方向移动时，覆盖面积变化，电容量也随之变化，其电容量 C 和灵敏度 s 分别为

$$C = \frac{\varepsilon_0 \varepsilon b x}{\delta}, \quad s = \frac{dC}{dx} = \frac{\varepsilon_0 \varepsilon b}{\delta} = 常数 \qquad (1-16)$$

式中　b——极板的宽度，mm。

图 1-14(c) 为圆柱形线位移型电容传感器，动板（圆柱）与定板（圆筒）相互覆盖，其电容量 C 和灵敏度 s 分别为

$$C = \frac{2\pi\varepsilon_0 \varepsilon x}{\ln(D/d)}, \quad s = \frac{dC}{dx} = \frac{2\pi\varepsilon_0 \varepsilon}{\ln(D/d)} = 常数 \qquad (1-17)$$

式中　D——圆筒孔径，mm；

　　　d——圆柱外径，mm。

面积变化型电容传感器的优点是输出与输入呈线性关系，但与极距变化型相比，其灵敏度较低，这种电容传感器适用于较大直线位移及角位移测量。

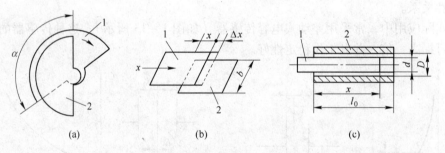

图 1-14　面积变化型电容传感器

1—动板；2—定板

c　电容传感器应用及其特点

利用电容变换元件可以构成压力、位移、振动、液位等多种传感器。图 1-15 所示为测量轧制力使用的电容式传感器。在矩形特殊钢块弹性元件上，加工有若干个贯通的圆孔，每个圆孔内固定两个端面平行的丁字形电极，每个电极上贴有铜箔，构成平板电容器，几个电容器并联成测量回路。在轧制力作用下，弹性元件产生变形，因而极距间距发生变化，从而使电容发生变化，经变换后得到轧制力。

电容传感器在应用时多是接入交流电桥或谐振电路。

电容传感器的优点是其结构简单，可实现非接触测量，灵敏度高，分辨力强，动态响应好，且能在恶劣的环境条件下工作。由于带电极板间静电引力很小，对被测物几乎不存在干扰力，因此特别适宜用来解决输入能量低的测量问题。缺点是由于这种传感器的电容量一般都很小，故其工作特性易受分布电容的影响，而且在电源频率不高时，容抗可达几百兆欧，易受外界各种电气干扰。另外，测量电路比较复杂。

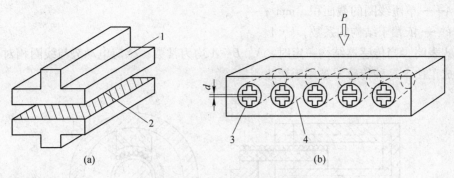

图 1－15 电容式传感器原理图

(a) 电极；(b) 传感器构造图

1—绝缘物（无机材料）；2—导体（铜材）；3—电极；4—钢件

E 磁电式传感器

磁电式传感器是把被测物理量转换为感应电动势的一种装置，又称电磁感应式传感器。从电工学可知，对于一个匝数为 N 的线圈，当穿过该线圈的磁通 Φ 发生变化时，其感应电动势为

$$e = -N\frac{\mathrm{d}\Phi}{\mathrm{d}t} \tag{1-18}$$

可见，线圈感应电动势的大小，取决于线圈的匝数和穿过线圈磁通变化率。磁通变化率与磁场强度、磁路磁阻、线圈的运动速度有关，若改变其中一个因素，都会改变线圈的感应电动势。按照结构方式不同，磁电式传感器可分为动圈式与磁阻式。

a 动圈式

动圈式又可分为线速度型与角速度型。图 1－16(a) 为线圈在磁场中做直线运动时产生感应电势的磁电传感器。

如果以运动速度来表示，感应电势 e 可写为

$$e = NBlv\sin\theta \tag{1-19}$$

式中 B——磁场的感应强度，T；

l——单匝线圈的有效长度，mm；

N——线圈匝数；

v——线圈与磁场的相对运动速度，m/s；

θ——线圈运动方向与磁场方向的夹角，(°)。

当 $\theta = 90°$ 时，上式可写为

$$e = kNBA\omega \tag{1-20}$$

上式说明，当 N、B、l 均为常数时，感应电动势大小与线圈运动的线速度成正比，这就是常见的地震式速度计的工作原理。

图 1－16(b) 为线圈在磁场中做旋转运动而产生感应电势的磁电传感器，它所产生的感应电势

$$e = kNBA\omega \tag{1-21}$$

式中 ω——角频率，rad/s；

A——单匝线圈的截面积，mm^2；

k——依赖于结构的系数，$k < 1$。

上式表明，当传感器结构一定时，N、B、A 均为常数，感应电动势与线圈相对磁场的角速度成正比，这种传感器被用于转速测量。

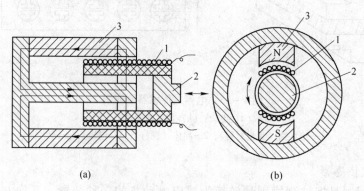

(a)　　　　　　　　　　　(b)

图 1 – 16　磁电传感器结构原理

（a）直线运动；（b）旋转运动

1—线圈；2—运动部分；3—永久磁铁

将传感器中线圈产生的感应电势通过电缆与电压放大器连接时，其等效电路如图 1 – 17 所示。图中，e_0 是发电线圈的感应电势，R_0 是线圈电阻，R_L 是负载电阻（放大器输入电阻），C_c 是电缆导线的分布电容，R_c 是电缆导线的电阻。一般情况下 $R_c \ll R_0$，R_c 可忽略，故等效电路中的输出电压为

$$e_L = \frac{1}{1 + \dfrac{R_0}{R_L} + j\omega C_c R_0} e \qquad (1 - 22)$$

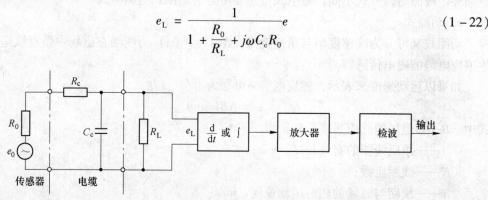

图 1 – 17　动圈磁电式传感器等效电路

如果不使用特别加长电缆时，C_c 可忽略，并且如果 $R_L \gg R_0$，则放大器输入电压 $e_L \approx e$。感应电动势经放大检波后即可推动指示仪表。

　　b　磁阻式

上述动圈式传感器的工作原理也可看作是线圈在磁场中运动时切割磁力线而产生电动势。而磁阻式传感器则是线圈与磁铁不动，由运动着的物体（导磁材料）改变磁路的磁阻，引起磁力线的增强或减弱，使线圈产生感应电动势。其工作原理及应用实例如图 1 – 18 所示。此种传感器是由永久磁铁及缠绕其上的线圈组成。例如图 1 – 18(a) 可测旋转体频数。当齿轮旋转时，齿的凸凹引起磁阻变化，使磁通量变化，在线圈中感应出交流电动

势，其频率等于齿轮的齿数和转数的乘积。磁阻式传感器使用简便、结构简单，在不同场合下可用来测量转数、偏心量及振动等。

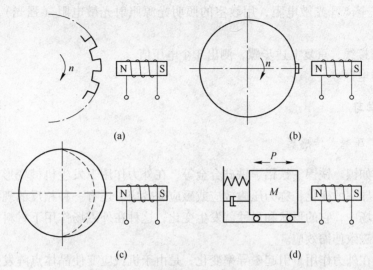

图 1 - 18 磁阻式传感器工作原理及应用
（a）测频数；（b）测转速；（c）偏心测量；（d）振动测量

1.2 任务 2 发电式传感器的使用

1.2.1 学习目标

知识目标：
（1）压磁效应、压电效应、热电效应和光电效应等物理现象；
（2）发电式传感器的工作方式；
（3）发电式传感器的适用范围及优缺点。
能力目标：
（1）发电式传感器的熟练使用；
（2）发电式传感器的型号选择。

1.2.2 工作任务

（1）认识各种发电式传感器；
（2）熟悉传感器测量系统组成部分及线路连接。

1.2.3 实践操作

光敏电阻和光敏管测量线路连接实践步骤如下：
（1）按线路图连接：光敏电阻与电位器串联，+6V 电源按上正下负连接到串联电路上，F/V 表连接到光敏电阻两端，F/V 表置于 20V 挡。
（2）开启电源，电位器置中间位置，可适当调整。

（3）用手或其他方法挡住光敏电阻，使其不受光（暗阻），记录电压读数。

（4）手稍微松开，使弱光照射，记录电压表读数。

（5）手完全离开光敏电阻，用教室的照明光源照射光敏电阻（强光），记录电压表读数。

（6）按图接线，重复上述步骤，测出 3 个电压值。

（7）关闭电源。

1.2.4　知识学习

1.2.4.1　压磁式传感器

铁磁材料如镍、铁镍、铁铝、铁硅合金等，在外力作用下发生机械变形，内部产生应力，并引起磁导率的变化，称为压磁效应或磁应变效应。还有一种相反的现象，就是将铁磁材料置于磁场中，它的形状和尺寸就发生变化，这种在外磁场作用下材料发生机械变形的现象，称为磁致伸缩效应。

铁磁材料在外力作用下引起磁导率变化，是由于机械应变使晶体点阵发生畸变，这将阻碍材料的磁化过程。图 1－19 表明了一种含镍79%的镍铁合金磁导率 μ_{max} 随压应力增大下降的情况。

铁磁材料的磁致伸缩特性是由于材料在外磁场作用下"磁畴"的轴转向了，引起晶体尺寸变化。图 1－20 表明了一种45%镍铁合金相对伸长与外磁场强度 H 的关系。

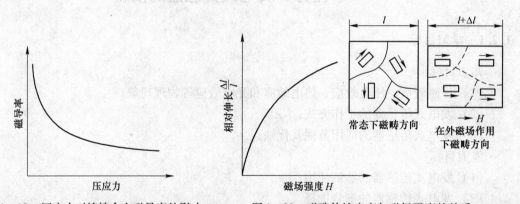

图 1－19　压应力对镍铁合金磁导率的影响　　　图 1－20　磁致伸缩应变与磁场强度的关系

铁磁元件的这种特性被广泛用以制造测量力和扭矩的传感器。压磁式传感器是应用压磁元件将力、扭矩等参数转换为磁导率变化的一种传感器。它的变化实质是，绕有线圈的铁芯，在外力作用下，磁导率发生变化，引起铁芯中与磁通有关系的磁阻 R_m 的变化，从而导致自感或互感的变化。

图 1－21 为互感型压磁式测力传感器的原理图。在铁芯的两条对角线上，开有四个孔1、2 和 3、4。在两个对角孔 1、2 中，缠绕激磁（初级）绕组 $w_{1,2}$：在另两个对角孔 3、4 中，缠绕测量（次级）绕组 $w_{3,4}$。$w_{1,2}$ 和 $w_{3,4}$ 平面互相垂直，并与外力作用方向成45°角。当激磁绕组 $w_{1,2}$ 通入一定的交流电流时，铁芯中就产生磁场。在不受外力作用时，如图 1－21(b) 所示，由于铁芯的磁各向同性，A、B、C、D 4 个区域的磁导率 μ 是相同的，此

时磁力线呈轴对称分布，合成磁场强度 H 平行于测量绕组 $w_{3,4}$ 平面，磁力线不与绕组 $w_{3,4}$ 交链，故 $w_{3,4}$ 不会感应出电势。

在外力 P 作用下，如图 1-21(c) 所示，A、B 区域承受很大的压应力 σ，于是磁导率 μ 下降，磁阻 R_m 增大。由于传感器结构形状缘故，C、D 区域基本上仍处于自由状态，其磁导率 μ 仍不变。由于磁力线有沿磁阻最小途径闭合的特性，此时，有一部分磁力线不通过磁阻较大的 A、B 区域，而通过磁阻较小的 C、D 区域而闭合。于是原来呈现轴对称分布的磁力线被扭曲变形，合成磁场强度 H 不再与 $w_{3,4}$ 平面平行，磁力线与绕组 $w_{3,4}$ 交链，故在测量绕组 $w_{3,4}$ 中感应出电势 e。P 值越大，应力 σ 越大，磁通转移越多，e 值也越大。将此感应电势 e 经过一系列变换后，就可建立压力 P 与电流 I（或电压 V）的线性关系，即可由输出 I（或 V）表示出被测力 P 的大小。

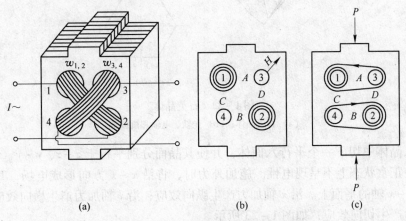

图 1-21　压磁式传感器原理图
(a) 铁芯上线圈的缠绕方式；(b) 不受外力时磁场强度；(c) 外力作用下磁场强度

压磁式传感器具有输出功率大、抗干扰能力强、过载能力强、寿命长，以及防尘、防油、防水等优点。缺点是线性稳定性差。

1.2.4.2　压电式传感器

压电式传感器是一种可逆型换能器，既可以将机械能转换为电能，又可以将电能转换为机械能。这种性质使它被广泛用于力、压力、加速度测量，也被用于超声波发射与接收装置。这种传感器具有体积小、质量轻，精确度及灵敏度高等优点。

压电式传感器的工作原理是利用某些物质的压电效应。

A　压电效应

某些物质，如石英、钛酸钡等，当受到外力作用时，不仅几何尺寸发生变化，而且内部极化，表面上有电荷出现，形成电场。当外力去掉后、又重新回复到原来状态，这种现象称为压电效应。相反，如果将这些物质置于电场中，其几何尺寸也发生变化，这种由于外电场作用导致物质的机械变形的现象，称为逆压电效应，或称为电致伸缩效应。

具有压电效应的材料称为压电材料，常见的压电材料有两类：即压电单晶体，如石英、酒石酸钾钠等；多晶压电陶瓷，如钛酸钡、锆钛酸铅等。

石英（SiO_2）晶体结晶形状为六角形晶柱，如图 1-22(a) 所示，两端为一对称的棱锥，六棱柱是它的基本组织。纵轴线 $z - z$ 称为光轴，通过六角棱线而垂直于光轴的轴线 $x - x$ 称为电轴，垂直于棱面的轴线 $y - y$ 称为机械轴，如图 1 – 22(b) 所示。

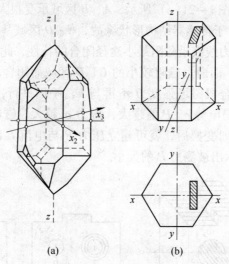

(a)　　　　　　　　(b)

图 1 – 22　石英晶体
(a) 石英晶体；(b) 光轴、电轴和机械轴

如果从晶体中切下一个平行六面体，并使其晶面分别平行于 $z - z$、$y - y$、$x - x$ 轴线，这个晶片在正常状态上不呈现电性。施加外力时，将沿 $x - x$ 方向形成电场，其电荷分布在垂直于 $x - x$ 轴的平面上。沿 x 轴加力产生纵向效应；沿 y 轴加力产生横向效应；沿相对两平面加力产生切向效应，如图 1 – 23 所示。

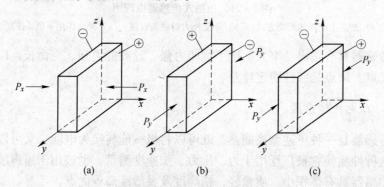

(a)　　　　　　　(b)　　　　　　　(c)

图 1 – 23　压电效应模型
(a) 纵向效应；(b) 横向效应；(c) 切向效应

B　压电式传感器及其等效电路

在压电晶片的两个工作面上进行金属蒸镀，形成金属膜，构成两个电极，如图 1 – 24 所示。当晶片受到外力作用时，在两个极板上积聚数量相等、而极性相反的电荷，形成了电场。因此压电传感器可以看作是一个电荷发生器，也是一个电容器，其电容量按式 (1 – 23) 计算。

$$C = \frac{\varepsilon_0 \varepsilon A}{\delta} \tag{1 – 23}$$

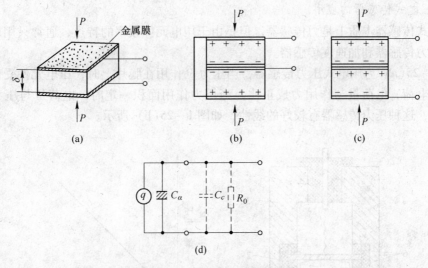

图 1 – 24　压电晶片及等效电路

（a）压电晶片；（b）并接；（c）串接；（d）等效电荷源

　　如果施加于晶片的外力不变，积聚在极板上的电荷又无泄漏，那么在外力继续作用时，电荷量是保持不变的，而在外力终止时，电荷就随之消失。

　　实践证明，在极板上积聚的电荷量 q 与作用力 P 成正比，即

$$q = DP \tag{1 – 24}$$

式中　D——压电常数。

　　显然，对于一个压电式力传感器，若要测得力值 P，主要问题是如何测得电荷量值。原则上，必须采用不消耗极板上电荷的方法，即所采用的测量手段不从信号源吸取能量。这在原理上是困难的。为此，利用压电式传感器测量静态或准静态量值时，必须采取一定措施，使电荷从压电晶片经测量电路的漏失减小到足够小的程度。而在动态交变力作用下，电荷可以不断补充，可以供测量电路一定的电流，故压电传感器适宜作动态测量。

　　实际压电传感器中，往往用两个或两个以上的晶片进行串接或并接。如图 1 – 24（b）所示，并接时两晶片负极集中在中间极板上，正电极在两侧的电极上。并接时电容量大，输出电荷量大，宜测量缓变信号，适于以电荷量输出的场合。串接时，如图 1 – 24（c）所示，正电荷集中在上极板，负电荷集中在下极板。串接法传感器本身电容小，输出电压大，适用于以电压作为输出信号的情况。

　　压电式传感器是一个具有一定电容的电荷源。电容上的开路电压 e_0 与电荷 q、电容 C_α 存在下列关系

$$e_0 = \frac{q}{C_\alpha} \tag{1 – 25}$$

　　当压电式传感器接入测量电路时，连接电缆的寄生电容就形成传感器的并联寄生电容 C_α，后续电路的输入阻抗和传感器中的漏电阻就形成了泄漏电阻 R_0，如图 1 – 24（d）所示。在测试动态量时，为了建立一定的输出电压，并要正确反映测量值，压电式传感器的测量电路必须有高输入阻抗。

C　压电式传感器的应用

压电式传感器本质上是力传感器。但是由于压电元件频率的特点,通常只用压电元件构成动态力传感器和加速度传感器。

图 1-25(a) 为压电式压力传感器,当压力 P 作用在膜片上时,压电元件受力,上下表面产生电荷,电荷量与作用力成正比。当压力作用面积一定时,电荷量与压力也成正比。因此,这种压力传感器有较好的线性,如图 1-25(b) 所示。

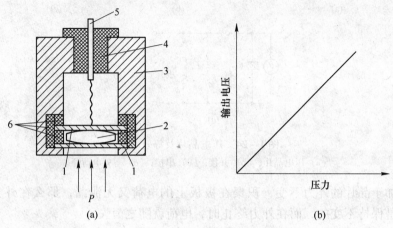

图 1-25　压电式压力传感器及其特性
1—膜片;2—压电元件;3—壳体;4,6—绝缘体;5—引线插针

1.2.4.3　热电偶式传感器

热电偶是基于热电势效应的测温用传感器,它实质上是一种将热能转换为电能的能量转换型传感器,通常由两种不同的金属导体组成。

A　热电势效应

两种导体 A、B 组成的闭合回路,如果两端结点的温度不同,回路中便有电流产生,这一现象称为热电势效应,或简称热电效应。在这个闭合回路中,A、B 两种导体叫做热电极;两个结点,一个称为工作端或热端(T),另一个叫自由端或冷端(T_0)。

实际上热电势是由接触电势(又称帕尔贴电势)和温差电势(又称汤姆逊电势)组成。

接触电势的产生是由于不同的自由电子浓度,当两种不同的导体接触后,自由电子便从浓度高的一方向浓度低的一方扩散。结果界面附近一方失去电子带正电,一方得到电子带负电,从而在两导体的接触面上形成电位差。

温差电势是在同一导体的两端因其温度不同而产生的一种电势。由于两端温度不同,导体内自由电子的运动速度不同,高温端的电子运动速度比低温端的电子运动速度要大,因此,电子将从速度高的区域向速度低的区域扩散,结果高温端失去电子而带正电,低温端得到电子而带负电,从而在导体的两端形成电势差,即温差电势。

实际上,金属的温差电势远小于接触电势,同样温度下的两种金属温差电势之差也远小于接触电势之差,故可略去温差电势影响,即热电偶在两端存在温度差时,其输出的电势是两个温度函数之差,如果其中一个温度为常数,这个热电势将是温度的单一函数,即

$$E_{AB}(T,T_0) = f(T) \tag{1-26}$$

B 热电偶基本定律

如图 1-26(a) 所示，将 A、B 构成的热电偶的 T 端断开，接入第三种导体 C，看回路中的总电势 $E_{ABC}(T,T_0)$ 将如何变化。

首先假定三个结点温度都相同，且为 T_0，则

$$E_{ABC}(T_0) = E_{AB}(T_0) + E_{BC}(T_0) + E_{CA}(T_0) \tag{1-27}$$

现设 A、B 结点温度为 T，其余结点温度为 T_0，当 $T > T_0$ 时，回路中的总电势等于各结点电势之和，即

$$E_{ABC}(T,T_0) = E_{AB}(T) + E_{BC}(T_0) + E_{CA}(T_0) \tag{1-28}$$

所以

$$E_{ABC}(T,T_0) = E_{AB}(T) - E_{AB}(T_0) = E_{AB}(T,T_0) \tag{1-29}$$

由上边推导得出结论：由导体 A、B 组成的热电偶，当引入第三导体时，只要保持第三导体（C）两端温度相同，接入导体 C 后对回路总电势无影响，这就是中间导体定律。因此，可以把第三导体换成毫伏表（一般为铜线）并保证两个结点温度一致，就可以对热电势进行测量，而且不影响热电偶的输出。

C 标准电极定律

如果两导体（A 和 B）分别与第三导体 C 组成热电偶，且产生的热电势已知，则由这两个导体（A，B）组成热电偶产生的热电势，可由下式计算。

$$E_{AB}(T,T_0) = E_{AC}(T,T_0) - E_{BC}(T,T_0) \tag{1-30}$$

在这里采用的电极 C 称为标准电极，在实际应用中，一般标准电极材料为纯铂，这是由于铂易得到纯态，物理化学性质稳定，熔点较高。采用标准电极大大地方便了热电偶的选配工作，只要知道一些材料与标准电极相配的热电势，就可以用上述定律求出任何两种材料相配成热电偶的热电势，如图 1-26(b) 所示。

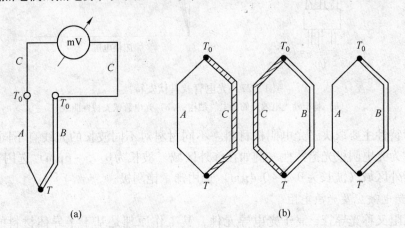

图 1-26 热电偶中间导体定律
(a) 热电偶中间导体定律；(b) 标准电极定律

1.2.4.4 光电式传感器

光电式传感器是将光量转换为电量的一种变换器。应用这种传感器检测时，是先将其

他非电量转换为光量，再通过光电元件转换为电量。其工作原理是利用物质的光电效应。

光电转换元件主要有电光管、光敏电阻、光电池、光敏管等。

A　外光电效应及光电管

物质在光辐射下向空间发射电子的现象称为外光电效应。这一现象的实质是能量形式的转换，即光辐射能转换为电磁能。

在所有的金属中都有数量极大的自由电子，它们可以在金属内部沿任意方向自由运动。在正常温度下，电子是不能离开金属表面的。最表层的电子，至少应具有等于逸出功的能量才能逸出表面。为了使电子在逸出时有一定的初速度，就必须有大于逸出功的能量。当光辐射通量射到金属表面时，其中一部分就被吸收了，并使金属发热，而另一部分则可激发电子，使其逸出表面。因此外光电效应是将吸收的辐射能变成了飞出电子的能量，即电磁能。

图 1 - 27(a) 是基于外光电效应的光电管结构。在一个真空的玻璃泡内，装有光电阴极与阳极。光电阴极贴附在玻璃泡内壁上，当受到适当波长的光照射时，便发射电子。电子被带正电位的阳极所吸引，在光电管内就有了电流，在外电路中便产生电流。

光电流的大小由入射到光电阴极的光通量决定。光通量一定时，随阳极电压增加，光电流趋于一定值，如图 1 - 27(b) 所示，光电管的工作点就选在这个区域内。

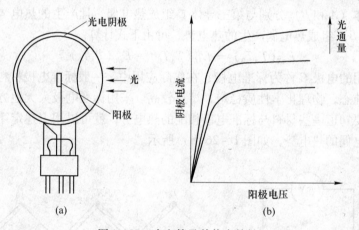

图 1 - 27　光电管及其伏安特性

(a) 基于外光电效应的光电管结构；(b) 光电管伏安特性曲线

光电管特性主要取决于光电阴极材料。不同材料对不同波长的光线有不同的灵敏度，这一关系称为光电阴极光谱特性。例如在红外区域（波长为 $0.75 \sim 6\mu m$）选用银 - 氧 - 铯阴极，在紫外区域（波长为 $0.3 \sim 0.4\mu m$）选用锑 - 铯阴极。

B　内光电效应及光敏电阻

光敏电阻又称光导管，属于光电导元件，其工作原理是基于半导体材料的内光电效应，即物质受到光照射时，电阻值减小的现象。这种现象的实质是由于在光量子的作用下，物质吸收了能量，内部释放出电子，载流子密度或迁移率增加，从而导致电导率增加。

图 1 - 28 表示光敏电阻的工作原理。图中 2 为光敏半导体薄膜，一般为铊、镉、铅、铋的硒化物或硫化物。当受到光照射时，它的电阻值就发生变化，光通量越大，阻值越小。

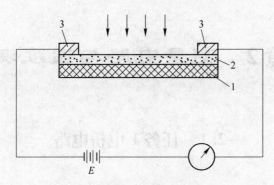

图 1 - 28　光敏电阻

1—绝缘底座；2—半导体薄膜；3—电极

光敏电阻阻值的变化与光的波长有关，不同材料的光谱特性也不同，一般应根据入射光波波长选择材料。

C　光电池与光敏管

（1）光电池。光导体光电池是一种光电转换元件，可以直接将光能转换成电能，当光照射时，可直接输出电势。

（2）光敏管。光敏晶体管是一种受光照射时载流子增加的半导体光电元件。

1.2.5　习题

（1）简述传感器的特点及作用。

（2）简述各种电参量型传感器的工作原理和使用范围。

情境 2 测量电路与温度测量

2.1 任务 1 电桥电路

2.1.1 学习目标

知识目标：

（1）电工学基础知识；

（2）电桥电路的特点；

（3）电桥电路的输出电压和输出电流；

（4）电桥和差特性。

能力目标：

（1）电桥电路的组桥及调零；

（2）桥路的温度补偿。

2.1.2 工作任务

（1）电桥的连接及调零；

（2）根据具体使用环境，选择温度补偿的方法。

2.1.3 实践操作

金属箔式应变片的研究。其实践步骤为：

（1）设备、器材的准备：直流稳压电源 ±4V、公共电路模块、贴于实验台与工作台双平行悬臂梁上的箔式应变片和温度补偿片、应变式传感器实训模块、应变加热器、螺旋测微仪、数字电压表、温度计、连接导线若干。

（2）了解所需单元、部件在实验台的位置，观摩应变片。应变片为棕色衬底箔式结构小方箔片。上下两片梁的外表面各贴两片受力应变片，测微头在双平行梁前面的支柱可以上、下、前、后、左、右调节。

（3）放大器调零：用连线将差动放大器的同相输入端和反相输入端与地短接，然后再调零。

（4）按照图 2-1 所示接线，R_1、R_2、R_3 为电桥单元的固定电阻，应变片 $R_x = R_4$，将直流稳压电源接入电路，F/V 表量程置 20V 挡，调节 R_{P_1}，使 F/V 表显示为零（粗调），然后再将 F/V 表量程置于 20V 挡，再调 R_{P_1} 使 F/V 表显示为零（细调）。

（5）测微头转动到 10mm 刻度附近，安装到双平等梁的自由端（与自由端磁钢吸合），调节测微头支柱的高度使 F/V 表显示最小，再移动测微头，使 F/V 表显示为零，这时的测微头刻度为零位的相应刻度。

（6）往下或往上旋动测微头，使梁的自由端产生位移，记下 F/V 表的值，建议每旋动测微头一周，在表 2 - 1 中记下一个数值。

表 2 - 1　金属箔式应变片性能的测量数据

X/mm					
U/mV					

（7）根据所测得数据在坐标图上作出 $U-X$ 曲线，计算灵敏度 $S = \Delta U/\Delta X$。

（8）完毕，关闭电源，所有旋钮旋到初始位置。

（9）将图中固定电阻 R_1 换接应变片组成半桥，将固定电阻 R_2、R_3 换接应变片组成全桥。

（10）重复步骤（4）~（5），完成对半桥与全桥的测试实训。

（11）在同一坐标上描出三种测试结果的 $U-X$ 曲线，比较三种桥路的灵敏度，并作出定性结论。

（12）按图连接单臂应变电桥，开启试验台电源，系统调整为零，记录环境温度。

（13）开启"应变加热"电源，观察电桥输出电压随温度升高而发生变化，待加热温度稳定后，记录电桥输出电压温度，并求出温度漂移，然后关闭加热电源，待其冷却。

（14）将电桥中的一个固定电阻换成一片与应变片在同一应变梁上的温度补偿应变片，调系统输出为零。

（15）开启"应变加热"，观察经温度补偿后的电桥输出电压的变化情况，求出温度漂移，然后与未进行补偿的电路进行比较。

2.1.4　知识学习

在电阻应变测量中，由于应变片的电阻变化量很小，用一般的测量仪表不能精确地直接测量出来，因此必须采用一定形式的测量电路将这微小的电阻变化量转换成电压或电流变化，再经电子放大器放大，然后用仪表显示或记录。通常采用的测量电路有电桥电路和电位计式电路。

2.1.4.1　电桥电路

A　电桥电路及其分类

电桥电路可测量 $10^{-6} \sim 10^{-3}$ 数量级的微小电阻的变化，精度高，稳定性好，易于进行温度补偿，所以电桥电路应用十分广泛。电桥可有下述几种分类方法。

a　按供桥电源分

（1）直流电桥。即采用直流电源供桥，当电桥输出功率足够大，而不采用放大环节时，或采用自激调制放大环节时，可采用直流电桥。

（2）交流电桥。一般采用频率较高的交流电源。当采用载波调制放大环节时，可采用交流电桥。

b　按电桥工作方式分

（1）平衡电桥。测量前将电桥调整为平衡状态。测量时因桥臂阻值发生变化使电桥失去平衡，此时调节电桥的某个桥臂的电阻值，使电桥回复到平衡状态，即电桥输出为零。

再以该桥臂电阻的调整量读出被测信号的大小。这种方法称为"零读法"。平衡电桥的优点是测量精度高，因为读数与电源电压无关。但此法读数前要经过平衡调节，故只用于静态测量。

（2）不平衡电桥。测量前将电桥调整为平衡状态。测量时因桥臂阻值发生变化使电桥失去平衡，此时可在其测量端接指示仪表直接读出输出的电压或电流值。若测量端接示波器记录，可用于动态测量。

c　按电桥输出信号分

（1）电压输出电桥。当电桥的输出端接放大器时，因放大器的输入阻抗高，远大于电桥的输出阻抗，电桥的输出端可视为开路状态，即只有电压输出，则该类电桥称为电压输出电桥。

（2）功率输出电桥。当电桥的输出端接电流表时，为使电流表得到最大功率，要求电流表内阻与电桥输出电阻相匹配，该类电桥称为功率输出电桥。

d　按电桥桥臂阻值分

（1）全等臂电桥。4 个桥臂的阻值均相等，即 $R_1 = R_2 = R_3 = R_4 = R_0$。

（2）半等臂电桥。即 $R_1 = R_2 = R_a$，$R_3 = R_4 = R_b$，$R_a \neq R_b$。

两端的电压 U_y 即为电桥的输出电压，各支路的电流如图 2-1 所示。

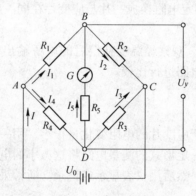

图 2-1　直流电桥

根据基尔霍夫第一定律和第二定律可得当 $R_1 R_3 - R_2 R_4 = 0$ 时，电桥处于平衡状态，桥流计指针为零，电桥无输出。为记忆方便可理解为：电桥相对臂的电阻乘积相等时，电桥处于平衡状态。

当采用全等臂桥时，$R_1 = R_2 = R_3 = R_4 = R$，则输出电压为

$$U_y = \frac{U_0}{4}\left(\frac{\Delta R_1}{R_1} - \frac{\Delta R_2}{R_2} + \frac{\Delta R_3}{R_3} - \frac{\Delta R_4}{R_4}\right) \tag{2-1}$$

式中　R_1，R_2，R_3，R_4——4 个桥臂的电阻值；

ΔR_1，ΔR_2，ΔR_3，ΔR_4——4 个桥臂对应的电阻变化值。

B　直流电桥的输出电流

当电桥的输出端接入的负载的输入阻抗 R 较小时，电桥应为电流输出。当电桥为全等臂（$R_1 = R_2 = R_3 = R_4 = R$），且 $R_0 = R$，工作前的电桥处于平衡状态（$R_1 R_3 = R_2 R_4$），工作时桥臂电阻发生微小变化 ΔR_1、ΔR_2、ΔR_3、ΔR_4 时，则电桥输出电流公式为

$$I_g = \frac{U_0}{8R}\left(\frac{\Delta R_1}{R_1} - \frac{\Delta R_2}{R_2} + \frac{\Delta R_3}{R_3} - \frac{\Delta R_4}{R_4}\right) = \frac{U_0}{8R}K(\varepsilon_1 - \varepsilon_2 + \varepsilon_3 - \varepsilon_4) \qquad (2-2)$$

式中　　　　I_g——电桥输出电流；

$\varepsilon_1, \varepsilon_2, \varepsilon_3, \varepsilon_4$——电阻变化率。

由以上分析可得出以下几点结论：

（1）不论电压桥、功率桥，还是全等臂电桥，电桥的输出均与电桥桥臂的电阻变化率 $\Delta R/R$ 成正比。

（2）对于采用电压桥的应变仪，负载电阻远大于电桥输出电阻，因此电桥输出仅与桥臂电阻变化 $\Delta R/R$ 有关。在规定的应变片阻值范围内，如对测量精度的要求不是很高，可不必进行修正。

（3）对于采用功率桥的应变仪，设计仪器时，桥臂均按标准阻值 120Ω 计算。当使用非标准阻值的应变片时，输出相差很多，应根据说明书给出的修正曲线进行修正。

（4）在桥臂电阻发生相同变化的情况下，全等臂电桥比半等臂电桥输出大一倍。在实测中多采用全桥测量。

2.1.4.2 电桥特性

A　电桥和差特性

电桥的输出电压与阻值变化的符号有关，并根据电桥的输出电压公式，可以得出电桥的和差特性：相邻臂电阻变化，同号相减，异号相加；相对臂电阻变化，同号相加，异号相减。该特性是应变测量中布片组桥与温度补偿的依据。为了提高电桥灵敏度，对于二臂或四臂工作的电桥，在组桥连线时，一定要把电阻变化符号相同的应变片接在相对桥臂，而电阻变化符号相反的应变片接在相邻桥臂。

B　电桥灵敏度

电桥的输出电压（或输出电流）与被测应变在电桥的桥臂上引起的电阻变化率之间的比值，称为电桥灵敏度，其表达式为

$$\begin{cases} S_U = \dfrac{U_y}{\Delta R/R} = \dfrac{U_y}{K_\varepsilon} \\[2mm] S_I = \dfrac{I_g}{\Delta R/R} = \dfrac{I_g}{K_\varepsilon} \end{cases} \qquad (2-3)$$

式中　　S_U——用电压表示的电桥灵敏度；

S_I——用电流表示的电桥灵敏度；

K_ε——电阻变化率。

C　电桥的工作桥臂系数

因为电桥的输出电压与每个桥臂都有关，且电桥输出可用某一桥臂单独输出的倍数表示，这个倍数称为对某一桥臂的电桥系数，简称为桥臂系数，以 n 表示。用数学式表示为

$$n = \left(\frac{\Delta R_1}{R_1} - \frac{\Delta R_2}{R_2} + \frac{\Delta R_3}{R_3} - \frac{\Delta R_4}{R_4}\right)\Big/\left(\frac{\Delta R_i}{R_i}\right) \qquad (2-4)$$

$$n = (\varepsilon_1 - \varepsilon_2 + \varepsilon_3 - \varepsilon_4)/\varepsilon_i$$

式中　　ε_i——某一桥臂所测的真实应变；

ε_s——仪器指示的读数应变，它是电桥4个桥臂的应变 ε_1、ε_2、ε_3、ε_4 的代数和。

提高桥臂系数，可增大电桥的输出电压。当一臂工作时，$n=1$。当相邻两臂工作时，若 $\Delta R_1 = -\Delta R_2$，则 $n=2$；若 $\Delta R_1 = -\mu \Delta R_2$，则 $n = 1 + \mu$；当四臂工作时，若 $\Delta R_1 = -\Delta R_2$，$\Delta R_3 = -\Delta R_4$，则 $n = 4$；若 $\Delta R_1 = -\mu \Delta R_2$，$\Delta R_3 = -\mu \Delta R_4$，则 $n = 2(1 + \mu)$。

2.1.4.3　桥路的温度补偿

由于温度的变化引起应变片电阻值的变化，会给测量结果带来相当大的误差，因此必须采取温度补偿措施。利用电桥和差特性原理补偿是一种既简单又完善的补偿方法。

在测量时，应变片不仅要感受到来自试件表面的应变 ε，而且会感受到由于温度变化而产生的虚假应变 ε_t。只要通过恰当的布片和相应的组桥，使电桥输出表达式中不含 ε_t，测量结果就不会受温度变化的影响，从而达到温度补偿的目的。

对单臂工作电桥，必须采用补偿片。在图 2-1 所示的电桥电路中，R_3、R_4 为应变仪内部精密无感电阻，R_1、R_2 是两个同型号、同规格的应变片，R_1 贴在被测试件上，使之与试件一起变形，称为工作片。R_2 贴在另一与被测试件材料完全相同，且置于与 R_1 片同一温度场中不受力的补偿块上，R_2 称为温度补偿片。因此，温度变化引起的电阻变化量 $(\Delta R_1)_t$（或虚假应变 ε_{t1}）和 $(\Delta R_2)_t$（或 ε_{t2}）数值相等，符号相同。由于 R_1 与 R_2 接在桥路内相邻臂上，则由电桥和差特性可知，$(\Delta R_1)_t$ 和 $(\Delta R_2)_t$ 在电桥输出表达式中互相抵消，故电桥输出表达式中不含 $(\Delta R_1)_t$、$(\Delta R_2)_t$。这样应变片的温度效应在桥路中就得到了补偿。

一般情况下，接入同一电桥各臂的应变片型号和规格是相同的，因此不管它们贴片方向如何，只要置于同一温度场中，由于温度变化而产生的电阻变化量都是相同的。

对单臂工作电桥，温度补偿片必须贴在不受力的补偿块上。而在相邻臂为工作臂的双臂电桥和四臂工作电桥中，由于相邻臂的工作片已能对温度效应进行补偿，因此无需另外再贴温度补偿片，因工作片本身就是温度补偿片了。

2.1.5　习题

(1) 电桥的组桥方式有哪些，各有什么特点？
(2) 什么是电桥的和差特性？
(3) 桥路为什么要进行温度补偿，如何补偿？

2.2　任务2 热电偶测温

2.2.1　学习目标

知识目标：
(1) 热电偶测温原理及有关定理；
(2) 常用热电偶分类及其特点；
(3) 热电偶冷端温度补偿。

能力目标：

（1）热电偶的组装；

（2）根据测温范围选择热电偶；

（3）简单的故障排除及维修。

2.2.2 工作任务

（1）热电偶测温系统的线路连接及调整；

（2）热电偶安装位置的选择及测温；

（3）热电偶冷端温度补偿方式选择及操作。

2.2.3 实践操作

热电偶测温及冷端温度补偿实践步骤如下：

（1）准备设备和器材：K、E分度热电偶、温度传感器实训模块、电压表、水银温度计、导线若干。

（2）旋开热电偶保护外套，观察热电偶结构，了解温控电加热器工作原理。温控电加热器作为热源的温度指示、控制、定温之用。温度调节方式为时间比例式，绿灯亮时表示继电器吸合电炉加热，红灯亮时加热炉断电。

（3）温度设定。开关拨向"设定"位，调节设定电位器，仪表显示的温度值（℃）随之变化，调节至实训所需设定的温度时停止。然后将拨动开关拨向"测量"侧（首次设定温度不应过高，以免热惯性造成加热炉温度过冲）。

（4）将加热电炉电源插入试验台加热电源插座，两个热电偶插入电加热炉内，K分度热电偶为标准热电偶，冷端接"测试"端；E分度热电偶为测试热电偶，冷端接"温控"端，将温度设定在50℃左右，打开加热开关，万用表置200mV挡，拨动开关拨向"温控"时，测量E分度热电偶的热电势，记录电炉温度与热电势的关系。注意：热电偶极性不能接反，且不能断偶。

（5）对所测热电势值进行修正：

$$实际电动势 = 测量所得电动势 + 温度修正电势$$

查阅热电偶分度表，将上述测量与结果进行对照。

（6）将炉温提高到70℃、90℃、110℃和130℃，重复上述操作，观察热电偶的测温性能。

注意事项：

（1）加热炉温度请勿超过150℃，当加热开始，热电偶一定要插入炉内，否则炉温会失控。

（2）温控仪表为E分度，所以拨动开关拨向"测试"方接入K分度热电偶时，数字温度表的显示温度并非为炉内温度，而是E分度热电偶测试到的温度。

2.2.4 知识学习

2.2.4.1 热电偶

热电偶是工业上应用最广泛的一种测温组件，通常与显示仪表和连接导线（补偿导线）组成测温系统，如图2-2所示。

图2-2中1为热电偶，它由 A、B 两种不同材质的导体在端点处焊接而成。焊接的一端称为工作端（又称热端或测量端），此接点置于被测对象中，温度用 t 表示；未焊接的另一端与导线连接，称为自由端（又称冷端或参考端），温度用 t_0 表示。导体 A、B 称为热电偶。热电偶将被测温度 t 变换成热电势 E_t，经连接导线传递给显示仪表进行测量，指示或记录相应的温度。

A　测温原理

热电偶的测温原理是利用热电效应现象进行的，如图2-3所示。

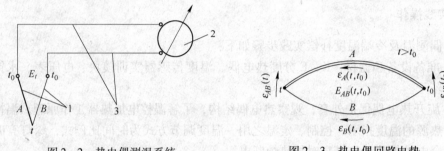

图2-2　热电偶测温系统　　　　　　图2-3　热电偶回路电势
1—热电偶；2—测量仪表；3—连接导线

A、B 两种不同材质的导体，在两个端点处连接起来，构成闭合回路，设两接点处的温度为 t 和 t_0。当 t 与 t_0 不相等且假定 $t > t_0$ 时，回路中有电动势 $E_{AB}(t, t_0)$ 产生。这个现象称为热电效应现象，这个电动势称为热电势。

回路热电势值的大小，与 A、B 材质有关，与两接点的温度 t、t_0 有关，当热电偶选定（A、B 材质确定），固定冷端温度 t_0，那么回路热电势 $E_{AB}(t, t_0)$ 与热端温度 t 成单值函数关系。测出这个回路热电势的大小可对应反映热端温度 t 的高低。

a　接触电势

两种不同材质的导体 A、B 相接触时产生的电动势称为接触电势。在图2-3中，设 A 导体电子密度为 N_A，设 B 导体电子密度为 N_B，且假定 $N_A > N_B$。在温度为 t 与 t_0 的两个接点上，从 A 导体扩散到 B 导体的自由电子数目要比从 B 到 A 的多，从而在接触界面上形成一个 A 侧为正 B 侧为负的电场。该电场将阻碍自由电子扩散作用的继续进行，且促使其向相反方向转移。当 A 与 B 间的电子转移数目达到动态平衡时，在两者的界面上形成一个电位差，称为接触电势，对应于接点温度 t 和 t_0，接触电势记为 $\varepsilon_{AB}(t)$ 和 $\varepsilon_{AB}(t_0)$。

b　温差电势

同一导体两端温度不同而产生的电势叫温差电势。在图2-3中，设 $t > t_0$，A 导体（或 B 导体）高温端的自由电子的能量大于低温端自由电子的能量，因而从高温端迁移到低温端的电子数目将多于反方向迁移的数目。与接触电势的道理相同，在导体上将有一个电位差，称为温差电势。对应于导体 A 和 B，温差电势记为：$\varepsilon_A(t, t_0)$ 和 $\varepsilon_B(t, t_0)$。

c　回路热电势

回路热电势 $E_{AB}(t, t_0)$ 是两个接触电势和两个温差电势的代数和，即

$$E_{AB}(t, t_0) = \varepsilon_{AB}(t) - \varepsilon_A(t, t_0) - \varepsilon_{AB}(t_0) + \varepsilon_B(t, t_0) \qquad (2-5)$$

在热电偶回路热电势中（图 2 – 3），温差电势很小，接触电势起主导作用。由于 $t > t_0$，且 $N_A > N_B$，故总热电势 $E_{AB}(t, t_0)$ 的方向取决于 t 端（热端）的接触电势 $\varepsilon_{AB}(t)$ 的方向。脚码的 A、B 排序表示 A 为正极，B 为负极。热电偶回路热电势可采用更简明的表达式：

$$E_{AB}(t, t_0) = e_{AB}(t) - e_{AB}(t_0) \qquad (2-6)$$

式中 $e_{AB}(t)$ ——对应热端温度 t 的热电势。数值相当于冷端温度为 0℃，而热端温度为 t℃ 的回路热电势 $E_{AB}(t, 0)$；

$e_{AB}(t_0)$ ——对应冷端温度 t_0 的热电势。数值相当于冷端温度为 0℃，而热端温度为 t_0℃ 的回路热电势 $E_{AB}(t_0, 0)$。

如果固定冷端温度 t_0，$e_{AB}(t_0) = C$（常数），则：

$$E_{AB}(t, t_0) = e_{AB}(t) - C = \Phi(t) \qquad (2-7)$$

即回路热电势与热端（测量端）温度 t 成单值函数选系。只要仪表测出热电势 $E_{AB}(t, t_0)$ 的数值，就能求得被测温度 t，这就是热电偶测温的原理。必须强调指出：冷端温度 t_0 要保持不变，否则会带来测量误差，这是使用热电偶测温的一个特殊问题。

如果固定冷端温度 t_0 为 0℃，则热电偶回路热电势为 $E_{AB}(t, 0)$。关于回路热电势 $E_{AB}(t, 0)$ 与热端温度 t 的单值对应关系，分别见表 2 – 2、表 2 – 3、表 2 – 4。

分度号：S　　　　　**表 2 – 2　铂铑$_{10}$ – 铂热电偶分度表**（自由端温度为 0℃）

工作端温度/℃	0	10	20	30	40	50	60	70	80	90
	热电动势/mV									
0	0.000	0.055	0.113	0.173	0.235	0.299	0.365	0.432	0.502	0.573
100	0.645	0.719	0.795	0.872	0.950	1.029	1.109	1.190	1.273	1.356
200	1.440	1.525	1.611	1.698	1.785	1.873	1.962	2.051	2.141	2.232
300	2.323	2.414	2.506	2.599	2.692	2.786	2.880	2.974	3.069	3.164
400	3.260	3.356	3.452	3.549	3.645	3.743	3.840	3.938	4.036	4.135
500	4.234	4.333	4.432	4.532	4.632	4.732	4.832	4.933	5.034	5.136
600	5.237	5.339	5.442	5.544	5.648	5.751	5.855	5.960	6.064	6.169
700	6.274	6.380	6.486	6.592	6.699	6.805	6.912	7.020	7.128	7.236
800	7.345	7.454	7.563	7.672	7.782	7.892	8.003	8.114	8.225	8.336
900	8.448	8.560	8.673	8.786	8.899	9.012	9.126	9.240	9.355	9.470
1000	9.585	9.700	9.816	9.932	10.048	10.165	10.282	10.400	10.517	10.635
1100	10.745	10.872	10.991	11.110	11.229	11.348	11.467	11.587	11.707	11.827
1200	11.947	12.067	12.188	12.308	12.429	12.550	12.671	12.792	12.913	13.034
1300	13.155	13.276	13.397	13.519	13.640	13.761	13.883	14.004	14.125	14.247
1400	14.368	14.489	14.610	14.731	14.852	14.973	15.094	15.215	15.336	15.456
1500	15.576	15.697	15.817	15.937	15.057	16.176	16.296	16.415	16.534	16.653
1600	16.771	16.890	17.008	17.125	17.243	17.360	17.477	17.594	17.711	17.826
1700	17.942	18.056	18.170	18.282	18.394	18.504	18.612			

分度号：K　　　　　　**表 2 – 3　镍铬 – 镍硅热电偶分度表**（自由端温度为 0℃）

工作端温度/℃	0	10	20	30	40	50	60	70	80	90
	热电动势/mV									
− 0	− 0.000	− 0.392	− 0.777	− 1.156	− 1.527	− 1.889	− 2.243	− 2.586	− 2.920	− 3.242
+ 0	0.000	0.397	0.798	1.203	1.611	2.022	2.436	2.850	3.266	3.681
100	4.095	4.508	4.919	5.327	5.733	6.137	6.539	6.939	7.338	7.737
200	8.137	8.537	8.938	9.341	9.745	10.151	10.560	10.969	11.381	11.793
300	12.207	12.623	13.039	13.456	13.874	14.292	14.712	15.132	15.552	15.974
400	16.395	16.818	17.241	17.664	18.088	18.513	18.938	19.363	19.788	20.214
500	20.640	21.066	21.493	21.919	22.346	22.772	23.198	23.624	24.050	24.476
600	24.902	25.327	25.751	26.176	26.599	27.022	27.445	27.867	28.288	28.709
700	29.128	29.547	29.965	30.383	30.799	31.214	31.629	32.042	32.455	32.866
800	33.277	33.686	34.095	34.502	34.909	35.314	35.718	36.121	36.524	36.925
900	37.325	37.724	38.122	38.519	38.915	39.310	39.703	40.096	40.488	40.897
1000	41.264	41.657	42.045	42.432	42.817	43.202	43.585	43.968	44.349	44.729
1100	45.108	45.486	45.863	46.238	46.612	46.985	47.356	47.726	48.095	48.462
1200	48.828	49.192	49.555	49.916	50.276	50.663	50.990	51.344	51.697	52.049
1300	52.398	52.747	53.093	53.439	53.782	54.125	54.466	54.807		

分度号：B　　　　　　**表 2 – 4　铂铑$_{30}$ – 铂铑$_6$ 热电偶分度表**（自由端温度为 0℃）

工作端温度/℃	0	10	20	30	40	50	60	70	80	90
	热电动势/mV									
0	− 0.000	− 0.002	− 0.003	− 0.002	− 0.000	0.002	0.006	0.011	0.017	0.025
100	0.033	0.043	0.053	0.065	0.078	0.092	0.107	0.123	0.140	0.159
200	0.178	0.199	0.220	0.243	0.266	0.291	0.317	0.344	0.372	0.401
300	0.431	0.462	0.494	0.527	0.561	0.596	0.632	0.669	0.707	0.746
400	0.786	0.827	0.870	0.913	0.957	1.002	1.048	1.095	1.143	1.192
500	1.241	1.292	1.344	1.397	1.450	1.505	1.560	1.617	1.674	1.732
600	1.791	1.851	1.912	1.974	2.036	2.100	2.164	2.230	2.296	2.366
700	2.430	2.499	2.569	2.639	2.710	2.782	2.855	2.928	3.003	3.078
800	3.154	3.231	3.308	3.387	3.466	3.546	3.626	3.708	3.790	3.873
900	3.957	4.041	4.126	4.212	4.298	4.386	4.474	4.562	4.652	4.742
1000	4.833	4.924	5.016	5.109	5.202	5.297	5.391	5.487	5.583	5.680
1100	5.777	5.875	5.973	6.073	6.172	6.273	6.374	6.475	6.577	6.680
1200	6.783	6.887	6.991	7.096	7.202	7.308	7.414	7.521	7.628	7.736
1300	7.845	7.935	8.063	8.172	8.283	8.393	8.504	8.616	8.727	8.839
1400	8.952	9.065	9.178	9.291	9.405	9.519	9.634	9.748	9.863	9.979
1500	10.094	10.210	10.325	10.441	10.558	10.674	10.790	10.907	11.024	11.141
1600	11.257	11.374	11.491	11.608	11.725	11.842	11.959	12.076	12.193	12.310
1700	12.426	12.543	12.659	12.776	12.892	13.008	13.124	13.239	13.354	13.470
1800	13.585	13.699	13.814							

B　中间导体定律

用热电偶测温时，必须把图 2 - 3 所示的热电偶从某点断开，并接入显示仪表，如图 2 - 2 所示。而接入回路的导线和仪表的材料与热电极 A、B 的材质可能是不同的。那么这些导线材料的引入，对热电偶输出的热电势有没有影响，中间导体定律就是用来回答这个问题的。

该定律是指：在热电偶回路中插入第三、第四等几种导体，只要插入导体的两端温度相等，且导体是均质的，则无论插入导体的温度分布如何，都不会影响原来热电偶热电势的大小。如图 2 - 4 所示，热电偶回路中插入均质导体 C，则整个回路的热电势为：

$$E_{ABC}(t, t_0) = \varepsilon_{AB}(t) + \varepsilon_{CA}(t_0) + \varepsilon_{BC}(t_0) - \varepsilon_A(t, t_0) + \varepsilon_C(t_0, t_0) + \varepsilon_B(t, t_0) \quad (2-8)$$

其中：

$$\varepsilon_{CA}(t_0) + \varepsilon_{BC}(t_0) = \varepsilon_{BA}(t_0) = -\varepsilon_{AB}(t_0)$$

$$\varepsilon_C(t_0, t_0) = 0$$

代入式（2 - 7）并参见式（2 - 5）得：

$$E_{ABC}(t, t_0) = \varepsilon_{AB}(t) - \varepsilon_{AB}(t_0) - \varepsilon_A(t, t_0) + \varepsilon_B(t, t_0)$$
$$= E_{AB}(t, t_0) \quad (2-9)$$

故中间导体定律得到证明。

根据中间导体定律，只要接入热电偶回路的显示仪表和连接导线两端温度相同，那么它们对热电偶回路的热电势就没有影响。另外，热电偶的焊接点也相当于中间导体，只要整个焊点温度一致，也不影响热电势的大小。这个原理为热电势的测量成为可能提供了依据。

C　常用热电偶

a　基本结构

图 2 - 5 所示为普通热电偶的基本结构，它由热电极、绝缘套管、保护套管和接线盒等部分组成。

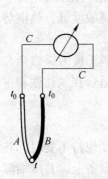
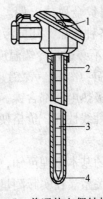

图 2 - 4　接入中间导体的热电偶回路　　　图 2 - 5　普通热电偶结构图

1—接线盒；2—保护套管；3—绝缘套管；4—热电极

（1）热电极。热电极的直径由材料价格、机械强度、电导率以及热电偶的用途和测量范围来决定。贵金属热电偶的热电极大多采用直径为 0.3 ~ 0.65mm 的细丝。普通金属热电偶热电极的直径一般为 0.5 ~ 3.22mm。热电偶的长度由工作端在介质中的插入深度来决定。

（2）绝缘套管。它的作用就是防止两个热电极短路。

（3）保护套管。为使热电极免受化学侵蚀和机械损伤，得到较长的使用寿命和测温准确性，加保护套管保护。

（4）接线盒。主要是供连接热电偶和补偿导线使用，它一般由铝合金制成。

b　主要种类

近年来国际电工委员会（IEC）推荐的标准热电偶已有 7 种，见表 2 - 5。

表 2 - 5　标准热电偶的分度号

热电偶名称	IEC 分度号	国家分度号		测 量 范 围
		新	旧	
铂铑$_{10}$ - 铂	S	S	LB - 3	长期最高使用温度为 1300℃，短期可达 1600℃
铂铑$_{30}$ - 铂铑$_6$	B	B	LL - 2	长期最高使用温度为 1600℃，短期可达 1800℃
镍铬 - 镍硅	K	K	EU - 2	长期最高使用温度为 1000℃，短期可达 1300℃
铜 - 铜镍	T	T	CK	适用 200 ~ 400℃ 范围内测温
镍铬 - 铜镍	E	E	按其偶丝直径不同，测温范围为 350 ~ 900℃
铁 - 铜镍	J	J	按其偶丝直径不同，测温范围为 400 ~ 750℃
铂铑$_{13}$ - 铂	R	R	同铂铑$_{10}$ - 铂

其中最常用的是 S、B、K 三种热电偶。

（1）铂铑$_{10}$ - 铂热电偶（S）。该热电偶正极为含铑 10% 的铂铑合金，负极为纯铂，属贵金属热电偶。热电极直径通常为 0.5mm，宜在氧化性和中性气体中使用，在真空中也可短期使用。至于铂铑$_{13}$ - 铂热电偶，它的性能与铂铑$_{10}$ - 铂热电偶基本相同，只是它的温度灵敏度稍高些，我国过去基本上不生产这种热电偶，所以目前使用也很少。

（2）铂铑$_{30}$ - 铂铑$_6$ 热电偶（B）。该热电偶正极为含铑 30% 的铂铑合金，负极为含铑 6% 的铂铑合金，属贵金属热电偶。它的测温范围最高，宜在氧化性和中性气体中使用，具有铂铑$_{10}$ - 铂的各种优点，其抗污染能力强。主要缺点是灵敏度低，热电势小。冷端温度在 40℃ 以下，可不必进行冷端温度补偿。

（3）镍铬 - 镍硅（镍铬 - 镍铝）热电偶（K）。该热电偶正极为镍铬合金，负极为镍硅合金，由于正负极热电偶都含镍，故抗氧化性腐蚀性好，适合在氧化性和中性气体中使用。由于其热电特性线性好，价格便宜，所以应用广泛。

D　冷端温度补偿

由热电偶测温的基本原理可知，只有当热电偶的冷端温度保持不变时，热电势才与被测温度成单值对应关系。在实际测量中，热电偶安装在现场设备上，其冷端温度暴露于空气中，且又离热端（测量端）很近，冷端温度难以保持恒定。为此必须采取冷端温度补偿的措施。

a　补偿导线法

要使热电偶冷端温度保持稳定，需使热电偶的冷端远离被测设备（如把热电极加长），延伸至温度稳定的地方（如仪表室）。如果采用与热电极材料相同的导线来延伸，对于贵金属热电偶要消耗许多贵金属材料，从经济角度考虑不允许这样做。所以通常是以一些价格便宜的，且在一定温度范围内（−20 ~ 100℃）其热电性能与所接电极相一致的某些金属导线来代替所接电极，远移冷端至温度稳定的地方。从而使冷端温度 t_0 为常数，如图 2 −6 所示。

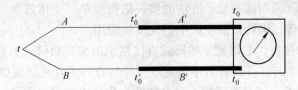

图 2 −6　补偿导线连接图

A，B—热电偶；A'，B'—补偿导线；t_0'—原冷端温度；t_0—新冷端温度

代替热电极远移冷端的这种导线称为补偿导线，采用补偿导线 A'、B' 使冷端温度为常数的方法称为补偿导线法。

国际电工委员会 IEC 对补偿导线也制定了相应的国际标准。补偿导线分为补偿型补偿导线（用符号 C 表示）和延伸型补偿导线（用符号 X 表示）两类。一般补偿型补偿导线的材料与工作热电偶材料不同，常用在贵金属热电偶中；延伸型补偿导线基本是与工作热电偶相同材料制成的导线，适用于廉价金属热电偶。

例如，SC 表示适用于铂铑₁₀ − 铂热电偶（S）的补偿型补偿导线（C）；KX 表示镍铬 − 镍硅热电偶（K）的延伸型补偿导线（X）。补偿导线合金丝一栏中的"P"和"N"分别表示相应补偿导线的正、负极。在使用补偿导线时应注意：热电偶和补偿导线的两个接点保持同样温度 t_0'；新冷端温度 t_0 应基本稳定；热电偶和补偿导线必须配套使用；正负极不可接错。

b　计算校正法

当热电偶用毫伏刻度的显示仪表测温时，如果热电偶冷端温度为常数 t_0，且 t_0 不为 0℃，可按下式对仪表示值加以修正：

$$E_{AB}(t,0) = E_{AB}(t,t_0) + E_{AB}(t_0,0) \tag{2 −10}$$

式中　　　　　　　　t——工作端温度，℃；

　　　　　　　　　t_0——实际的冷端温度，℃；

　　　$E_{AB}(t,t_0)$——热电偶工作在两端温度 t 与 t_0 时仪表测出的热电势值，mV；

$E_{AB}(t,0)$，$E_{AB}(t_0,0)$——该热电偶保持冷端温度为 0℃，而工作端温度分别取 t、t_0 时的热电势值，℃，此值可以从相应的热电偶分度表中查到。

【例 2 −1】用一分度号为 K 的镍铬 − 镍硅热电偶及毫伏刻度的显示仪表测量炉温，在冷端温度 $t_0 = 30℃$ 时，测得回路电势为 39.17mV，问炉温是多少度？

解：根据题意可知：$E_{AB}(t, 30) = 39.17mV$

由热电偶分度表（表 2 −3）可查出：$E_{AB}(30, 0) = 1.203mV$

代入式（2 −9），则有

$E_{AB}(t,0) = E_{AB}(t,30) + E_{AB}(30,0) = 39.17 + 1.203 = 40.373mV$

再查分度表（表 2 −3）可知，工作端温度 t 应为 977℃。

2.2.4.2　温度显示仪表

显示仪表，就是接受测温元件的输出信号，将测量值显示（指示、记录等）出来以供观察的仪表。显示仪表已逐步形成一套完整的体系，大致可以分为模拟式、数字式和图像显示等三大类。

（1）模拟式显示仪表，是指用指针与标尺间的相对位移量或偏转角来模拟显示被测参数的连续变化的数值。采用这一显示方法的仪表结构简单、工作可靠、价格低廉、易于反映被测参数的变化趋势，因此目前生产中仍大量被应用。

（2）数字式显示仪表，是以数字的形式直接显示出被测数值，因其具有速度快、准确度高、读数直观、便于与计算机等数字装置联用等特点，正在迅速发展。

（3）图像显示仪表，就是直接把工艺参数的变化量以图形、字符、曲线及数字等形式在荧光屏上进行显示的仪器。它是随着电子计算机的应用相继发展起来的一种新型显示设备。它兼有模拟式和数字式两种显示功能，并具有计算机大存储量的记忆功能与快速性功能，是现代计算机不可缺少的终端设备，常与计算机联用，作为计算机集中控制不可缺少的显示装置。

A　动圈式仪表

动圈式仪表是一种已经广泛使用的模拟式显示仪表，按其具有的功能分为指示型（XCZ）和调节型（XCT）两类，可与热电偶、热电阻以及其他的能把被测参数变换成直流毫伏信号的装置相配合，实现对温度等参数的指示和调节。下面以指示型（XCZ）为例讨论。

动圈式仪表是一种磁电式仪表，如图 2-7 所示。其中动圈是漆包细铜线绕制成的矩形框，用张丝把它吊置在永久磁铁的磁场之中。当测量信号（直流毫伏）输入动圈时，便有微安级电流通过动圈。此时载流动圈将受磁场力作用而转动，与此同时，张丝随动圈转动而扭转，张丝就产生反抗动圈转动的力矩，这个反力矩也随着张丝扭转角的增大而增大。当两力矩平衡时，动圈就停转在某一位置上。这时，装在动圈上的指针，就在刻度面板上指示出相应的读数。

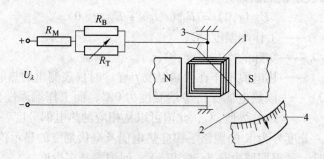

图 2-7　动圈仪表工作原理
1—动圈；2—指针；3—张丝；4—面板

动圈偏转角 α 的大小，与流过动圈的电流 I 成正比，表达为：

$$\alpha = CI$$

式中　C——仪表常数，决定于动圈匝数和尺寸、磁感应强度、张丝的材料和尺寸等因素。

动圈仪表配热电偶测温，外加测量信号为热电偶热电势 $E_{AB}(t, t_0)$，设测量回路中的总电阻为 R_Σ，则动圈仪表的偏转角 α 为：

$$\alpha = CI = C\frac{E_{AB}(t,t_0)}{R_\Sigma} \tag{2-11}$$

如果测量回路总电阻为常数，则仪表偏转角与待测热电势 $E_{AB}(t, t_0)$ 成正比。装在动圈上的指针就在刻度面板上指示出相应的读数。测量回路电阻 R_Σ 包括表内电阻 $R_内$ 和表外电阻 $R_外$ 两部分，在测量过程中，R_Σ 数值应保持不变，否则流过动圈的电流就不同，被测热电势 $E_{AB}(t, t_0)$ 未变，则测量指示值将偏大或偏小，造成测量误差。

B　电子电位差计

a　概述

动圈式仪表实际是一种测量电流的仪表，测量中能引起动圈电流变化的每一种干扰因素都会导致误差。自动平衡显示仪表的测量原理优于动圈仪表，具有较高的准确度，在生产过程和科学研究中已得到普遍的应用。这一类仪表有两个基本的系列：电子电位差计和电子自动平衡电桥。电子电位差计与热电偶及其他测量元件（或变送器）配套后，可以显示和记录温度、压力、流量、物位等参数。

b　工作原理

电子电位差计的工作原理基于电压平衡原理，如图 2-8 所示。

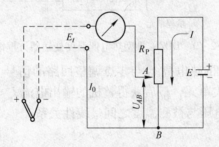

图 2-8　电位差计测量原理

图中 E_t 是被测热电势（未知量），电源 E 与滑线电阻 R_P 构成工作电流回路，产生已知电位差。当工作电流 I 一定时，滑动触点 A 与 B 点之间电位差 U_{AB} 的大小，仅与触点 A 的位置有关，因而是一个大小可以调整的已知数值。检流计 G 接在 E_t 与 U_{AB} 之间的回路上，三者构成测量回路。只要 $E_t \neq U_{AB}$，检流计 G 两端就有电位差，其线圈中将有电流 I_0 通过，指针不指零位；调整滑动触点 A 的位置，改变 U_{AB} 的数值，当检流计 G 的指针指向零位时，$I_0 = 0$，$U_{AB} = E_t$，称电压平衡。电压平衡时，该滑动触点 A 在标尺上所指示的 U_{AB} 的数值，就是被测电势 E_t 的值。

2.2.4.3　温度变送器

变送器，是指借助检测元件接受被测变量，并将它转换成标准输出信号的仪表。电动温度变送器，是电动单元组合式仪表（DDZ）中的一个主要品种，它与热电偶、热电阻等配合使用，将温度或其他直流毫伏信号转换成标准统一信号，输给显示仪表或调节器，从而实现对温度等参数的指示记录或自动调节。电动单元组合仪表有 DDZ-Ⅱ型和 DDZ-Ⅲ型两大系列。前者用晶体管作为电子线路的基础元件，采用 0~1.0mA DC 为统一的标准信号；后者用线性集成电路，采用 4~20mA DC 或 1~5V DC 为统一的标准信号。两种系列的仪表都已广泛采用。DDZ－Ⅲ型仪表由于采用集成电路和低功耗的半导体元件，提高了仪表的可靠性和稳定性，具有安全火花防爆性能，可用于危险的易燃易爆场所，故在工业上得到广泛应用。DDZ－Ⅲ型温度变送器有 3 个品种：热电偶温度变送器、热电阻温度变送器和直流毫伏温度变送器。它们在线路结构上分为量程单元和放大单元。放大单元是通用的，量程单元则随品种、测量范围不同而异。这里以热电偶温度变送器为例作简要介绍。

A　工作原理

热电偶温度变送器由量程单元和放大单元两部分组成，如图 2－9 所示。

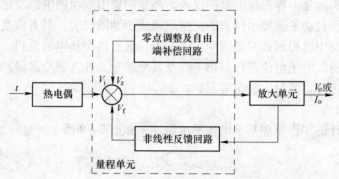

图 2－9　DDZ－Ⅲ型热电偶温度变送器方框图

从热电偶输入量程单元的热电势 V_i 与零点调整回路的信号 V_z 以及非线性反馈回路的信号 V_f 相综合后，进入放大单元，最后获得整机的输出电流 I_o ＝4～20mA DC 或电压 V_o ＝1～5V DC。输出的电流或电压与被测温度之间呈线性关系。

B　量程单元

量程单元包括输入回路、调零调量程回路及非线性反馈回路等部分，如图 2－10 所示。

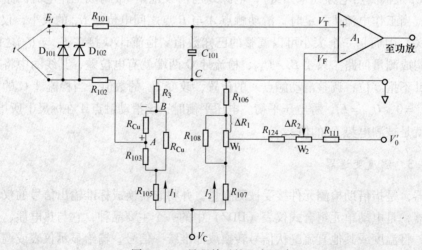

图 2－10　量程单元的几个回路

图中 E_t 为热电偶冷端温度为 0℃时的热电势，A_1 为集成运算放大器，V_0' 为非线性反馈回路的反馈电压，V_C 是集成稳压电源的恒定电压，两个铜电阻 R_{Cu} 是冷端温度的补偿电阻,它们与热电偶的冷端感受同一环境温度,起对冷端温度的补偿作用。

C′ 输入回路

稳压管 D_{101}、D_{102}、限流电阻 R_{101}、R_{102}共同构成安全火花电路,设在仪表输入端,其作用是将流向现场(指易燃易爆场所)的电压和电流限制在安全火花范围内。当温度变送器出现异常时,它限制了异常的电压和电流逆向传输到危险场所。双稳压管起双重保护作用。

D 冷端温度补偿电路

热电偶分度是以冷端温度为0℃作基准的。为了对非0℃冷端温度进行修正,Ⅲ型热电偶温度变送器采用了两个铜电阻进行室温二次补偿(如图2-10中 R_{Cu})这种补偿效果较用一个铜电阻的补偿效果更好。在0~50℃范围,适当选择 R_{Cu}、I_1、R_{103}的数值可使 $\Delta V_{AB} = \Delta E_t$,实现对冷端温度的自动补偿。

E 调零调量程回路

该回路的作用是当热电势在 $V_{min} \sim V_{max}$(即下限至上限)范围内时,保证变送器输出对应4~20mA DC 或1~5V DC。图2-10中 W_1 为调零电位器,W_2 为调量程电位器。当变送器送入热电势 V_{min} 时,输出应为4mA DC 或1V DC,否则须调整 W_1,使之达到这一要求。在变送器输入热电势为 V_{max} 时,输出应为20mA DC 或5V DC,否则,须调整 W_2 使之达到要求。

F 非线性反馈的原理

铂铑₁₀ - 铂热电偶在0~1000℃时最大线性误差约为6%,镍铬 - 镍硅热电偶在0~800℃时最大线性误差约为0.8%。为使温度变送器的输出信号与被测温度之间呈线性关系,可以采取非线性反馈的补偿方法,如图2-11所示。

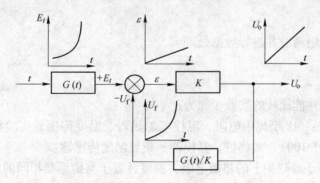

图2-11 线性化电路

线性化的方法是,在反馈网络里加一非线性函数发生器,使其输出特征相同但符号相反,这样仪表的输出就与被测温度呈线性关系。

G 放大单元

放大单元有集成运算放大器、功率放大器及输出回路等基本部分。量程单元(如图2-10所示)的输出电压信号送到功率放大器放大,经输出回路整流滤波,可得到变送器要求的4~20mA 以内(或1~5V DC)的输出电流(或电压)信号。

2.2.5　习题

(1) 简述热电偶的测温原理。

(2) 分析热电偶冷端温度对其热电势的影响。消除冷端温度的影响有哪些常用方法?

(3) 在热电偶与动圈仪表直接适配的基本测温电路中,应如何消除热电偶电阻及连接导线电阻对测量产生的影响?

(4) 用 K 型热电偶和相应型号补偿导线测量某电阻炉内温度 T 时,电阻炉环境温度为 36℃,测量环境温度为 25℃,但由于粗心将补偿导线的极性接反,如果测量装置测得的热电势为 34.299mV,而在 K 型热电偶分度表上查得,36℃和 25℃时 K 型热电偶的热电势分别为 1.488mV 和 1.000mV,试计算炉内真实温度 T 对应的热电势及炉内真实温度 T。

2.3　任务 3 热电阻测温

2.3.1　学习目标

知识目标:

(1) 热电阻的测量范围及特点;

(2) 热电阻的结构、工作原理及使用注意事项;

(3) 工业上常用热电阻铂、铜热电阻的特点。

能力目标:

(1) 根据具体的测温环境正确选择合适的热电阻;

(2) 掌握热电阻测温方法。

2.3.2　工作任务

正确使用热电阻测温并进行数据处理。

2.3.3　实践操作

热敏电阻测温性能比较的实践步骤为:

(1) 仪器准备:MF 型热敏电阻、温控电加热器、温度传感器实验模块、电压表、温度计、铂热电阻 (Pt100)、加热炉、温控器、集成温度传感器。

(2) 观察已置于加热炉上的热敏电阻,温度计置于与传感器相同的感温位置。连接主机与实验模块的电源线及传感器接口线,热敏电阻测温电路输出端接数字电压表。打开主机电源,调节模块上的热敏转换电路电压输出电压值,使其值尽量大但不饱和。

(3) 设定加热炉加热温度后开启加热电源。

(4) 观察随温度上升时输出电压值变化,待温度稳定后将 V_T 值记入表 2-6 中。

表 2-6　数据处理

$T/℃$	40	50	60	70	80	90	100	110	120	130	140	150	160	170	180
热敏电阻 V_T/mV															
铂热电阻 V_T/mV															

（5）作出 $V - T$ 曲线，得出用热敏电阻测温结果的结论。

铂热电阻测温性能比较的实践步骤为：

（1）观察已置于加热炉顶部的铂热电阻，连接主机与实验模块的电源线及传感器与模块处理电路接口，铂热电阻电路输出端 V_o 接电压表，温度计置于热电阻旁感受相同的温度。

（2）开启主机电源，调节铂热电阻电路调零旋钮，使输出电压为零，电路增益适中，由于铂电阻通过电流时产生自热其电阻值要发生变化，因此电路有一个稳定过程。

（3）开启加热炉，设定加热炉温度不超过100℃，观察随炉温上升铂电阻的阻值变化及输出电压变化（实验时主机温度表上显示的温度值是加热炉的炉内温度，并非是加热炉顶端传感器感受到的温度）。记录数据填入表2－6中。

（4）作出 $V - T$ 曲线，观察其工作线性范围。

注意事项：

（1）加热炉温度请勿超过200℃，以免损坏传感器的包装。当加热开始，热电阻一定要插入炉内，否则炉温会失控。

（2）热敏电阻感受到的温度与温度计上的温度相同，并不是加热炉数字表上显示的温度。而且热敏电阻的阻值随温度不同变化较大，故应在温度稳定后记录数据。

（3）因为热敏电阻温度特性呈非线性，所以实验时建议多采几个点。

2.3.4　知识学习

在温度检测仪表中，热电阻的测量准确度高，在低温范围（300℃以下）测量，与热电偶相比有较高的灵敏度，因此在中低温（ - 200 ~ 650℃）测量时常采用热电阻测量温度。

2.3.4.1　热电阻结构

普通型热电阻由电阻体、绝缘体、保护套管及接线盒组成。其中电阻体是在骨架上缠绕相应的电阻丝制成，如图 2 - 12 和图 2 - 13 所示。

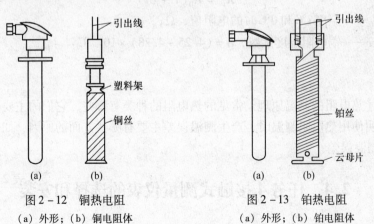

图 2 - 12　铜热电阻　　　　　　图 2 - 13　铂热电阻
（a）外形；（b）铜阻体　　　　（a）外形；（b）铂电阻体

铜电阻体一般在塑料骨架上缠绕铜电阻丝制成；铂电阻体则是石英玻璃或云母做骨架，缠绕铂电阻丝制成。

热电阻的外形，与热电偶相似，且安装方法也与热电偶一致，但是它们的测温原理和测温范围都不相同，要注意区别。

2.3.4.2　测温原理

热电阻的测温原理是基于金属导体或半导体的电阻值随温度变化的特征进行的。金属导体或半导体的电阻 – 温度函数关系一旦确定以后，把热电阻置于待测对象之中，测量热电阻与测温对象达到热平衡的电阻值，进而求得待测对象的温度。

目前比较适合做热电阻的材料有铂、铜、铁、镍和一些半导体材料。由于铁、镍不易做得很纯净，电阻间的关系曲线不很平滑，因此用得很少。目前工业上常用的是铂和铜。

A　铂热电阻

铂在氧化性介质中，甚至在高温下，其物理及化学性质均稳定，测量精度高。它不仅用来做工业上的测温元件，还作为复现温标的基准。铂热电阻的电阻值与温度之间的关系：

在 0～850℃ 范围内

$$R_t = R_0(1 + At + Bt^2) \tag{2-12}$$

在 –200～0℃ 范围内

$$R_t = R_0[1 + At + Bt^2 + C(t - 100℃)t^3]$$

式中　　R_t——温度为 t℃时的电阻值，Ω；

　　　　R_0——温度为 0℃时的电阻值，Ω；

A，B，C——常数，其中 $A = 3.90802 \times 10^{-3}$℃$^{-1}$，$B = 5.802 \times 10^{-7}$℃$^{-2}$，$C = 4.27350 \times 10^{-12}$℃$^{-1}$。

B　铜热电阻

铂电阻的性能虽优越，但铂是贵金属，所以，在一些温度较低的场合，铜热电阻得到广泛应用，常用于 –50～150℃ 间温度的测量。铜容易提纯，价格便宜，它的电阻值与温度呈线性关系，可由下式表示：

$$R_t = R_0(1 + \alpha t) \tag{2-13}$$

式中　　R_t，R_0——温度 t℃和0℃时的电阻值，Ω；

　　　　α——铜电阻温度系数，$\alpha = (4.25～4.28) \times 10^{-3}$℃$^{-1}$。

2.3.5　习题

（1）简述热电阻的测温原理。常见的热电阻的种类有哪些，它们的主要特点是什么？

（2）说明使用热电阻测温时，产生测温误差主要有哪些方面的原因，如何消除引线热电阻引起的测温误差？

2.4　任务 4 接触式测量仪表的选择和安装

2.4.1　学习目标

知识目标：

（1）接触式仪表的概念；

（2）接触式仪表选择的注意要点；

（3）感温元件安装的基本原则。

能力目标：

（1）根据具体的测量环境能正确选择接触式仪表；

（2）选择正确的测温位置安装感温元件。

2.4.2　工作任务

（1）按工作要点正确选择接温度计并安装其感温元件；

（2）认识带计算机的炉基温度测试测量系统。

2.4.3　实践操作

接触式温度计的选择、安装及使用实例。

2.4.4　知识学习

热电偶及热电阻在测量温度时，必须同被测对象接触，方能感受被测温度的变化，这种测量仪表称为接触式测温仪表。这一类仪表如不注意合理选择和正确安装，则不能做到经济而有效地测量温度。本节将就此做一些基本性的介绍。

2.4.4.1　温度计的选择

温度计是指包括感温元件、变送器、连接导线及显示仪表等在内的一个完整的测量系统。温度计的选择需要考虑的因素很多，诸如测温范围、测量准确度、仪表应具备的功能（指示、记录或自动调节）、环境条件、维护技术、仪表价格等，可归纳为以下几个方面：

（1）满足生产工艺对测温提出的要求。根据被测温度范围和允许误差，确定仪表的量程及准确度等级。仪表测量范围选得过大，对提高测量的准确度不利；选得过小，不能满足温度上限的测量要求；且仪表工作时过载的机会增大，不太安全。准确度等级高的仪表，具有更可靠的测量结果，但仪表的准确度等级与其价格及维护技术是相对应的，过分地追求高准确度，可能造成不合理的经济开支。

一些重要的测温点，需要对温度变化作长期观察，以利于分析工艺状况和加强生产管理，在这些测温点可选择自动记录式仪表。对一些只要求温度监测的一般场合，通常选择指示式仪表即可。如果必须自动控温，则应选择带控制装置的测温仪表或配用温度变送器，以利于组成灵活多样的自动控温系统。

（2）组成测温系统的各基本环节必须配套，感温元件、变送器、显示仪表和补偿导线都有确定的性能及规格、型号，必须配套使用。以热电偶温度计为例，当选用 K 分度号（镍铬－镍硅）的热电偶时，补偿导线的型号及显示仪表的分度号都必须是与该类热电偶相配用的，三者应当一致，否则将会得出错误的测量结果。这样的结果，不但无用，反而有害。

（3）注意仪表工作的环境。应当了解和分析生产现场的环境条件，诸如气氛的性质（氧化性、还原性等）、腐蚀性、环境温度、湿度、电磁场、振动源等，据此选择恰当的感温元件、保护管、连接导线，并采用合适的安装措施，保证仪表能可靠工作和达到应有的使用寿命。

（4）投资少且管理维护方便。温度的检测及自动控制要讲究经济效益，尽可能减少投资和维护管理费用。例如，在满足工艺要求的前提下，尽量选用结构简单，工作可靠，易于维护的测量仪表。对一个设备进行多点测温时，可考虑数个测温元件共用一个多点记录仪；或附加多路切换开关后用一台动圈式指示仪。

2.4.4.2　感温元件的安装

（1）必须正确选择测温点。选择安装地点时，一定要使测量点的温度具有代表性。例如测量炉温时，感温元件感受的温度应能代表工艺操作条件要求的温度，避免与火焰直接接触，保证有足够长的插入被测温空间的深度（一般约 300mm）。测量管道流体温度时，感温元件应迎着气流方向插入，工作端处于流速最大处，即管道中心位置，不应插在死角区。

（2）应避免热辐射等引起的误差。例如，在温度较高的场合，应尽量减小被测介质与设备内壁表面之间的温度差，为此感温元件应插在有保温层的设备或管道处，以减少热辐射损失所引起的测温误差。在有安装孔的地方应设法密封，避免被测介质逸出或冷空气吸入而引入误差。

（3）应防止引入干扰信号。例如，在测量电炉温度时，要防止漏电流引入感温元件；安装的时候，感温元件的接线盒的出线孔应向下方，避免雨水、灰尘等渗入造成漏电或接触不良等故障。

（4）应确保安全可靠。感温元件安装及使用中，应力求避免机械损伤、化学腐蚀和高温导致的变形，这些都会影响测温工作的正常进行。凡安装承受较大压力的感温元件时，必须保证密封。在振动强烈的环境中，感温元件必须有可靠的机械固定措施及必要的防振手段。

2.4.4.3　带计算机的温度测量

冶金生产过程中，温度的测点很多，比如在炼铁生产过程中，高炉本体温度的检测，因高炉容积不同，温度测点也不同，但随着高炉容积的扩大，它的温度测点可多达几百个。部位包括炉顶温度、炉喉温度和炉基温度等。根据生产要求，测温系统可有各种不同的组合。以带计算机的炉基温度检测为例，图 2 – 14 所示为大型高炉炉基温度测量系统示意图。

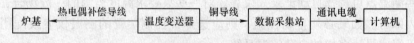

图 2 – 14　炉基温度测试测量系统示意图

系统由 K 型热电偶、铜 – 铜镍补偿导线、温度变送器、铜导线、数据采集站、通讯电缆和计算机组成。炉基温度由测温元件热电偶将温度高低转变为热电势，经补偿导线输入温度变送器，温度变送器将输入信号进行冷端温度补偿、放大、线性处理后，输出 4 ~ 20mA DC 标准电流（或 1 ~ 5V DC 电压），由铜导线输入智能组件组成的数据采集站，采集站将信号进行 A/D 转换处理后，经通讯电缆输入计算机。计算机根据程序对信号进行储存、显示打印等工作。

情境3 力参数测量

3.1 任务1 弹性压力计测压系统

3.1.1 学习目标

知识目标：

(1) 弹性压力计的测压原理及常用弹性元件；

(2) 常用弹性压力计的结构、工作原理及特点；

(3) 弹性压力计的选择、安装原则；

(4) 压力变送器的原理及信号传递过程。

能力目标：

(1) 弹性压力计测压系统的作用及连接顺序；

(2) 正确选择、安装、使用弹性压力计进行压力的测量。

3.1.2 工作任务

按弹性压力计选择、安装原则，根据工作环境正确安装压力计。

3.1.3 实践操作

气体压力的测量与控制实验步骤为：

(1) 设备、仪器的准备：压力测量控制仪、压力（差压）变送器（已装在测控仪上）、主控箱上的气压源、快速接插气管、计算机、数字万用表。

(2) 将上述部件组成一个压力测量闭环测控系统。

(3) 用快速接插气管将压力测控仪上的压力缓冲器顶部进气口与主控台上气压源的接口相连（气管与接头需插到底），关闭压力缓冲器左侧的出气阀门。

(4) 压力缓冲器右侧的气压接口与差压变送器的"H"端气嘴相连（出厂时已连好，一般情况下不需操作）。

(5) 将主控台上气压源的控制方式开关置"手动"位，压力手动调节电位器逆时针旋至最小。

(6) 检查系统接线无误后，开启各部分电源开关。

(7) 顺时针调压力旋钮，使气泵开始工作，注意观察压力表指示值的变化，最大值应在 20 ~ 24kPa 左右，否则应检查气管连接处是否有泄漏。

(8) 将气压源的控制方式开关及压力测控仪上的"手动/自动"开关置"自动"位。

(9) 将压力测控仪上压力缓冲器左侧的阀门打开约 10° ~ 20°。

(10) 仔细阅读 SET – 300 测控系统软件运用说明，并按说明在计算机上安装好软件。

在计算机测控界面上，选择"自定义"实验内容，键入"压力测量控制实验"后回车，并设定好相关控制值及调节规律 PID 三个参数，选择正确的 A/D、D/A 通道。

（11）点击"运行"按钮，注意数据采集器上的绿色发光二极管是否闪烁，如有闪烁，表示数据采集器与计算机通讯联系正常，否则需检查：通讯端口是否设置正确、计算机通讯口是否正常工作、软件是否安装正确。

（12）注意观察测控界面右方的图形框，可以看到黄、红、绿三条曲线，黄线表示设定值、红线表示控制量输出曲线、绿线表示测量值（过程量）输出曲线。

（13）随着实验进行绿线将逐步靠近黄线，说明压力值正逐步接近设定值，经过逼近—超调—逼近几个周期，压力值趋于稳定，注意观察稳定后偏差指示大小。注意，如压力值不能达到设定值，请将压力缓冲器左侧的阀门关小一点。

（14）改变压力设定值（下降或上升），观察控制曲线的输出状况及测量值（过程量）的响应状态。

（15）改变压力设定值，分别改变 PID 三个参数中的任一参数，观察控制曲线的输出状态及测量值（过程量）的响应状态。

（16）界面左边是数据框，表示实时测量数据。

（17）在实验过程中如按"暂停"按钮则采样终止，点击"历史"按钮可察看整个调节过程的曲线，再按一次"暂停"按钮，采样继续进行。

3.1.4　知识学习

压力（压强）是垂直均匀地作用在单位面积上的力。在冶金生产过程中，某些熔炼炉和加热炉要求恰当地控制炉膛或烟道的压力，以获得良好的热工效果。许多冶金物理化学反应，对反应空间的压力有一定的要求，某些常压下不能发生的反应，在高压或一定的真空度下则可顺利进行。某些金属材料采用可控气氛或真空热处理，可有效地改善材料的性能。有些过程的压力检测（例如煤气管道的压力测量）是生产安全所必需的。此外，生产过程的一些其他参数（如流量、液位等）的检测，有时也转换为压力或差压的测量。可见，压力和真空度是生产过程中一种常见而又重要的检测参数。

3.1.4.1　弹性压力计

弹性压力计是利用弹性元件受压产生弹性变形，根据弹性元件变形量的大小，反映被测压力的仪表。

A　弹性元件

弹性元件是一种简单可靠的测压敏感元件。随测压范围不同，所用弹性元件也不一样。常用的几种弹性元件如图 3-1 所示。

（1）弹簧管。单圈弹簧管如图 3-1（a）所示，是弯成圆弧形的金属管子，截面做成扁圆形或椭圆形。当通入压力 p 后，它的自由端就会产生位移，其位移量较小。为了增加自由端的位移量以提高灵敏度，可以采用多圈弹簧管，如图 3-1（b）所示。

（2）弹性膜片。它是由金属或非金属弹性材料做成的膜片，如图 3-1（c）所示，在压力作用下能产生变形；有时也可以由两块金属膜片沿周口对焊起来，成为一个薄盒子，称为膜盒，如图 3-1（d）所示。

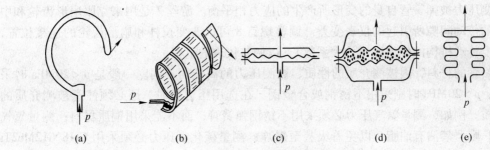

图 3 – 1 弹性元件

（a）单圈弹簧管；（b）多圈弹簧管；（c）弹性膜片；（d）膜盒；（e）波纹管

（3）波纹管。它是一个周围为波纹状的薄壁金属筒体，如图 3 –1(e) 所示，这种弹性元件易于变形，且位移可以很大。

膜片、膜盒、波纹管多用于微压、低压或负压的测量；单圈弹簧管和多圈弹簧管可以作高、中、低压及负压的测量。根据弹性元件的不同形式，弹性压力计相应地可分为各种类型测压仪表。

B　弹簧管压力表

按弹簧管形式不同，有多圈及单圈弹簧管压力表，多圈弹簧管压力表灵敏度高。单圈弹簧管压力表可用于高达 1000MPa 的高压测量，也可用于真空度测量，它是工业生产中应用最广泛的一种压力仪表，精度等级为 1.0 ~ 4.0 级，标准表可达 0.25 级。下面以单圈弹簧管压力表为例进行介绍。

弹簧管压力表的结构如图 3 – 2 所示。弹簧管是压力 – 位移转换元件，当被测压力 p 由固定端通入弹簧管时，由于椭圆或扁圆截面在压力的作用下将趋向于圆形，其自由端产生挺直变形，此位移大小与被测压力 p 成比例。被测压力由接头 9 通入，迫使弹簧管 1 的自由端向右上方扩张。这个弹性变形位移牵动拉杆 2，带动扇形齿轮 3 做逆时针偏转，指针 5 通过同轴中心齿轮 4 的带动做顺时针方向转动，从而在面板 6 的刻度标尺上指示出被测压力（表压力）的数值。

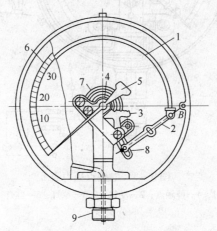

图 3 – 2　弹簧管压力表

1—弹簧管；2—拉杆；3—扇形齿轮；4—中心齿轮；5—指针；

6—面板；7—游丝；8—调整螺钉；9—接头

被测压力被弹簧管自身的变形所产生的应力相平衡。游丝 7 是用来克服扇形齿轮和中心齿轮的传动间隙所引起的仪表变差。调整螺钉 8 可以改变拉杆和扇形齿轮的连接位置，即可改变传动机构的传动比（放大系数），以调整仪表的量程。

弹簧管的材料，因被测介质的性质、被测压力的高低而不同。一般是 $p < 20MPa$ 时采用磷铜；$p > 20MPa$ 时则采用不锈钢或合金钢。在选用压力表时，还必须注意被测介质的化学性质。例如，测量氨气压力必须采用不锈钢弹簧管，而不能采用铜质材料；测量氧气压力时，则严禁沾有油脂，以免着火甚至爆炸；测量硫化氢压力必须采用 Cr18Ni12Mo2Ti 合金弹簧管，它具有耐酸、碱腐蚀能力。

C　电接点压力表

在生产过程中，常要求把压力控制在某一范围内，即当压力高于或低于给定的范围时，就会破坏工艺条件，甚至会发生事故。利用电接点压力表，就可简便地在压力超出规定范围时发出报警信号，提醒操作人员注意或者通过中间继电器实现自动控制。

如图 3-3 所示是电接点压力表的结构和工作原理示意图。压力表指针上有动触点 2，表盘上另有两个可调节的指针，上面有触点 1 和 4。压力上限给定值由上限给定指针上的静触点的位置确定，当压力超出上限给定值时，动触点 2 和静触点 4 接触，红灯 5 的电路接通而发红光。压力下限值由下限给定指针上的静触点位置确定，当压力低于下限规定值时，动触点 2 与静触点 1 接触，使绿灯 3 的电路接通而发出绿色信号。静触点 1、4 的位置可根据需要灵活调节。

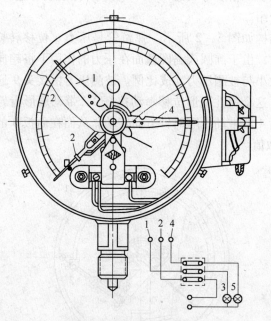

图 3-3　电接点压力表
1，4—静触点；2—动触头；3—绿灯；5—红灯

D　霍尔片远传压力表

我国生产的霍尔片式远传压力表有 YSH-1 型和 YSH-3 型等。前者是霍尔微压远传压力表，弹性元件采用膜盒；后者是霍尔压力变送器，弹性元件采用弹簧管。两者输出信

号均为 0 ~ 20mV 直流信号。它们都是利用弹性元件与霍尔片来实现压力—位移—霍尔电势转换的。现以 YSH - 3 型为例进行分析。

这种远传压力表的核心就是霍尔片式压力传感器。其结构如图 3 - 4 所示。

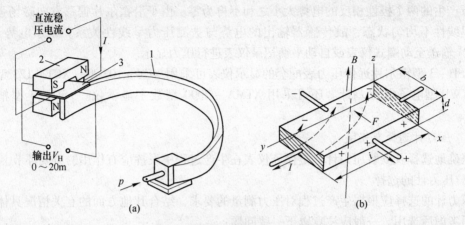

图 3 - 4 霍尔片式压力传感器

(a) 结构原理；(b) 霍尔效应示意

1—弹簧管；2—磁钢；3—霍尔片

被测压力由弹簧管的固定端引入，霍尔片固定在弹簧管的自由端，在霍尔片的上、下方垂直安放两对磁极，使霍尔片处于两对磁极形成的线性非均匀磁场中。霍尔片的 4 个端面引出四根导线，其中与磁钢 2 相平行的两根导线和稳压电源相连接；另外两根导线用来输出信号。

当被测压力引入后，弹簧管的自由端将会产生位移，即改变了霍尔片在非均匀磁场中的位置。这样就能完成压力—位移—霍尔电势的转换任务，将压力信号（直流毫伏信号）进行远传和显示。

a 霍尔电势的产生

霍尔片是由半导体材料（如锗、砷化镓等）所制成的薄片，如图 3 - 4(b) 所示。在 z 轴方向加一磁感应强度为 B 的恒定磁场，在 y 轴方向接入直流稳压电源，则有恒定电流 I 沿 y 轴方向通过。在 x 方向相对的两个端面出现异性电荷的积累，这就在 x 轴方向出现电位差，这一电位差称为霍尔电势 V_H，上述的物理现象称为霍尔效应。

霍尔电势 V_H 的大小与半导体材料、霍尔片的几何尺寸、通过 y 轴的电流（一般称为控制电流）I 及 z 轴方向上的磁感应强度 B 等因素有关。可用如下关系式表达：

$$V_H = R_H B I \qquad (3 - 1)$$

式中 R_H——霍尔常数；

I——控制电流，A；

B——磁感应强度，T。

由式（3 - 1）可知，当控制电流确定后，霍尔电势 V_H 仅与霍尔片在磁场中所处位置的磁感应强度 B 有关。

b 压力—霍尔电势的转换

如图 3 - 4(a) 所示，霍尔磁场由一对马蹄形磁钢产生。右侧的一对磁极的磁场方向指向下，左侧的则指向上，构成一个差动磁场。当霍尔片居于极靴的中央平衡位置时，穿过霍尔片两侧的磁通，大小相等方向相反，而且是对称的，因此，所产生的霍尔电势的代数和为零。当传感器引入被测压力后，弹簧管自由端的位移带动霍尔片偏离平衡位置，霍尔片所产生的两个极性相反的电势大小之和不再为零。由于沿霍尔片偏移方向磁场强度的分布呈线性不均匀状态，故传感器输出的电势与被测压力呈线性关系。霍尔电势（0～20mV）输送至动圈式仪表或自动平衡记录仪表进行压力显示。

　　YSH－3 型霍尔片远传压力表配套的显示仪表可采用 XCZ－103 型、XCT－123 型动圈表和 XWD 型电子电位差计。还可采用 XTMA－2000 型数字显示仪。YSH－3 型精度为1.5 级。

　　E　压力计选择与安装

　　正确地选择及安装压力计，是保证仪表在生产过程中发挥应有作用的重要环节。

　　a　压力计的选择

　　压力计的选择应根据生产过程对压力测量的要求，结合其他方面的有关情况具体分析和全面考虑后选用。一般应注意以下一些问题：

　　（1）仪表类型的选用。仪表的选型必须满足生产过程的要求，例如是否要求指示值的远传或变送、自动记录或报警等；被测介质的性质及状态（如腐蚀性强弱、温度高低、黏度大小、脏污程度、易燃易爆等）是否对仪表提出了专门的要求；仪表安装的现场环境条件（如高温、电磁场、振动及安装条件等）对仪表有无特殊要求等。统筹分析这些条件后，正确选用仪表类型，这是仪表正常工作及确保生产安全的重要前提。

　　（2）仪表的量程的选择。仪表的量程是仪表标尺刻度上限与下限之差。究竟应选择多大量程的仪表，应由生产过程所需要测量的压力的大小来决定。为了避免压力计超过负荷而被破坏，仪表的上限值应高于生产过程中可能出现的压力的最大值。对弹性式压力计而言，在被测压力比较平稳的情况下，压力计上限值应为被测最大压力的 4/3 倍；在压力波动较大的测量场合，压力计上限值应为被测压力最大值的 3/2 倍。为了保证测量准确度，所测压力的数值不应太接近仪表的下限；一般被测压力的最小值，应不低于仪表量程的1/3。

　　根据被测压力的状态及数值确定了仪表的测量范围后，应与定型生产的仪表系列相对照，选用上下限数值与要求相近的仪表。

　　（3）仪表准确度等级的选择。在仪表量程确定之后，应根据生产过程对压力测量所能允许的最大误差来决定仪表应有的准确度等级，据此从产品系列中选用。一般来说，所选用仪表的准确度越高，则测量结果越准确。但不应盲目追求高准确度的仪表，因为仪表准确度越高，价格也高，操作及维护烦琐。应在满足生产过程要求的前提下，尽可能选用价廉的仪表。

　　b　压力计的安装

　　压力计的安装是否正确，影响到测量结果的准确性及仪表的寿命。一般应注意以下事项：

　　（1）取压点的设置必须有代表性。应选在能正确而及时反映被测压力实际数值的地方。例如，设置在被测介质流动平稳的部位，不应太靠近有局部阻力或其他受干扰的地方。取压管内端面与设备连接处的内壁应保持平齐，不应有凸出物或毛刺，以免影响流体的平稳流动。

（2）测量蒸汽压力时，应加装冷凝管，以避免高温蒸汽与测压元件接触，如图3-5（a）所示。

对于有腐蚀性或黏度较大、有结晶或沉淀的介质，可安装适当的隔离罐，罐中充以中性的隔离液，以防腐蚀或堵塞导压管和压力表，如图3-5（b）所示。

（3）取压口到压力表之间应装有切断阀（图3-5），以备检修压力表时使用。切断阀应装设在靠近取压口的地方。需要进行现场校验或经常冲洗导压管的地方，切断阀可改用二通阀。

（4）当被测压力较小，而压力表与取压口又不在同一高度上，如图3-5（c）所示，对由此液柱高度差而引起的测量误差，应按 $\Delta p = \pm H\rho_1$ 进行修正，其中 H 为取压口与压力表之间的垂直距离，ρ_1 为被测介质密度。

（5）当被测压力波动剧烈和频繁（如泵、压缩机的出口压力）时，应装缓冲器或阻尼器。

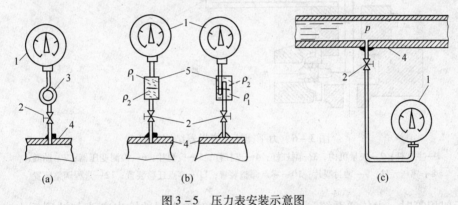

图3-5 压力表安装示意图

（a）测量蒸汽；（b）测量有腐蚀性介质；（c）压力表位于生产设备之下
1—压力表；2—切断阀；3—冷凝管；4—生产设备；5—隔离罐

3.1.4.2 压力（压差）变送器

A DDZ-Ⅲ型压力变送器

电动压力（压差）变送器，是电动单元组合仪表中的一个变送单元，用于压力、压差、液位等参数的自动检测。它将被测参数变换成统一标准信号输出，送给显示仪表或调节器，以实现对被测参数的指示、记录和控制。DDZ-Ⅱ型压力变送器（输出标准信号0~10mA DC）与DDZ-Ⅲ型压力变送器（输出标准信号4~20mA DC）测量压力的基本原理相同，都是力平衡式仪表，这里只讨论DDZ-Ⅲ型压力变送器，它的结构原理如图3-6所示。

压力介质输入弹性元件后，元件自由端便产生一个集中力 F_1，作用在主杠杆的下端。主杠杆以轴封膜片9为支点转动，在主杠杆上端产生力 F_2，作用于矢量机构，使矢量机构右端受到一个向上的分力 F_3，此力带动副杠杆，使其产生力 F_4，F_4 的方向是使固定在副杠杆上的动圈7远离磁钢。与此同时，支杠杆4带动检测片5靠近检测变压器6，使放大器输出电流增大。此电流流经动圈时与磁钢产生相互作用力 F_5，其方向与 F_4 相反。当 F_4

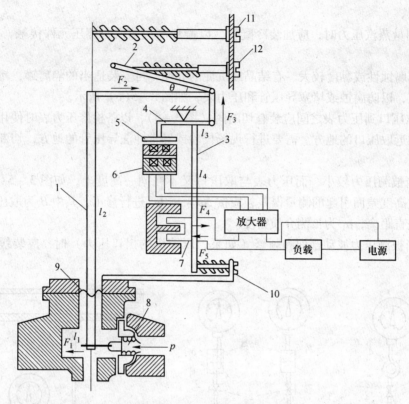

图 3 - 6　力平衡压力变送器结构原理

1—主杠杆；2—矢量机构；3—副杠杆；4—支杠杆；5—检测片；6—检测变压器；7—动圈；
8—感压元件；9—轴封膜片；10—零点调整装置；11—零点迁移装置；12—量程调整装置

与 F_5 近似相等时，力传递系统达到平衡状态。这时放大器的输出电流与被测压力成正比，从而实现了压力与电流的转换。

力的传递关系如图 3 - 7 和力平衡公式所示：

$$F_1 l_1 = \frac{l_4}{l_3} l_2 \frac{1}{\tan\theta} F_5 \qquad (3-2)$$

式中　F_1——压力产生的作用力；

　　　l_1——主杠杆的下端部分长度。

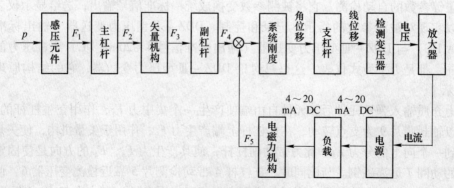

图 3 - 7　变送器信号传递方框图

从力的传递系统和平衡关系可知：

（1）由压力产生的力 F，经杠杆传递和矢量机构的作用，最终与变送器输出电气流所产生的电磁力 F_5 相平衡。从平衡式可知，由于力传递机构的几何尺寸为常数，故力 F_1 与力 F_5 成正比例关系，即变送器的压力输入量与变送器的电量输出成正比例关系。

（2）矢量机构的推板将主杠杆传来的水平力 F_2 分解成垂直方向和沿矢量角 θ 方向的两个分力 F_3 和 F_3'，如图 3-8 所示。

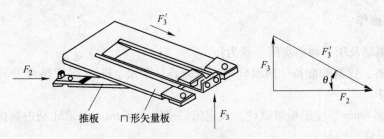

图 3-8　矢量机构

由于矢量板的端部固定在基座上，所以分力 F_3' 被平衡掉。分力 F_3 牵动副杠杆，$F_3 = F_2 \tan\theta$，故改变矢量角便可改变力的传递比，实现量程的调整。

（3）结构中设有零点调整和迁移装置，分别装在副杠杆的下端和主杠杆的上端，在调校变送器时，可校正或调整无输入信号（$p = 0$）时的输出信号，使之为 4mA。零点的迁移范围为 -10kPa 至满量程。零点迁移可提高测量精确度和灵敏度。

（4）位移检测变压器接在放大器的反馈回路内，构成一个变压器耦合式的低频振荡器。振荡频率约为 4kHz。当检测片与磁芯之间的气隙变化时，振荡器的振荡幅度也相应改变。交流电压经整流滤波后，由放大电路转换为 4~20mA 统一信号。

B　压力变送器主要技术性能

需要在控制室内显示压力的仪表，一般选用压力变送器或压力传感器。对于爆炸危险场所，常选用气动压力变送器、防爆型电动Ⅱ型或Ⅲ型压力变送器；对于微压力的测量，可采用微差压变送器；对黏稠、易堵、易结晶和腐蚀强的测量介质，宜选用带法兰的膜片式压力变送器；在大气腐蚀场所及强腐蚀性等介质测量中，还可选用电容式 1151 系列或振弦式 820 系列压力变送器。

3.2　任务2轧制力的测量

3.2.1　学习目标

知识目标：

（1）轧制力测量方法的分类；

（2）应力测量法的使用范围及原理；

（3）电阻应变式传感器的选择原则及精度影响因素的消除；

（4）剪切式测力传感器的工作原理及选择原则。

能力目标：

（1）根据电阻应变式测力传感器选择原则，选择、设计合适的传感器；

（2）具备应力测量法测量轧机轧制力的能力。

3.2.2　工作任务

（1）掌握应力测量法测轧制力及轧制力的标定；

（2）掌握电阻应变式测力传感器的选择原则和设计。

3.2.3　实践操作

轧制力测量及压下调整实践步骤为：

（1）设备、仪器的准备：四辊轧机成套设备、卡尺、8mm 厚度铅板带试件、8mm 厚度钢板带试件。

（2）轧制 8mm 厚度铅板带试件，设定出口厚度为 7mm。记录轧制力数据，轧制完成后记录轧件厚度。

（3）以铅板带试件轧出的产品为轧件，重复轧制过程，压下量减小为 0.5mm。记录轧制力数据，轧制完成后记录轧件厚度。

（4）以铅板带试件再次轧出的产品为轧件，重复轧制过程，压下量减小为 0.2mm。记录轧制力数据，轧制完成后记录轧件厚度。

（5）对钢板带试件重复上述操作。记录各道次轧制力数据和轧后轧件厚度。

3.2.4　知识学习

轧制设备的主要力学参数包括轧制力、扭矩等，虽有众多的理论公式进行计算，但是由于理论公式与实际条件有很大出入，因此，目前确定轧制力的最可靠方法还是针对各种轧机进行实际测量。

根据测取信号方法不同，目前广泛采用的轧制力的测量方法有两种：应力测量法和传感器测量法，现分述如下。

3.2.4.1　应力测量法

轧制时，轧机牌坊立柱产生弹性变形，其大小与轧制力成正比。因此，只要测出牌坊立柱的应变，就可推算出轧制力。这种方法适用于下列情况：

（1）轧制力特别大（几千吨），不便于制作大型传感器。

（2）轧机窗口无足够空间安装传感器。

（3）轧机牌坊立柱的横截面形状简单（如工字形、矩形等），对于立柱截面形状复杂的轧机，一般不采用这种方法。

A　轧机牌坊立柱贴片法

（1）牌坊立柱的应力分析。轧制时，轧件对轧辊的垂直压力 p（即轧制力）通过上、下辊两端的轴承座分别传给两侧牌坊的上、下横梁。换辊侧和传动侧牌坊的受力分别为 F_e 和 F_d，如图 3-9(a) 所示。

对于闭口牌坊，轧制时，牌坊立柱同时承受拉应力和弯曲应力，其应力分布如图 4-9(a) 所示。由图可见，最大应力发生在立柱内侧表面 $b—b$ 上 [图 3-9(b)]，其值为

$$\sigma_{内} = \sigma_{拉} + \sigma_{弯} = \frac{p_{c(d)}}{2A} + \frac{M}{W_{外}} \qquad (3-3)$$

式中 $\sigma_{内}$——内应力；

$\sigma_{拉}$——拉应力；

$\sigma_{弯}$——弯曲应力；

M——立柱受的弯矩；

$p_{c(d)}$——换辊侧（或传动侧）牌坊的受力；

A——牌坊一个立柱的横截面积；

$W_{外}$——立柱内外表面的抗弯断面系数。

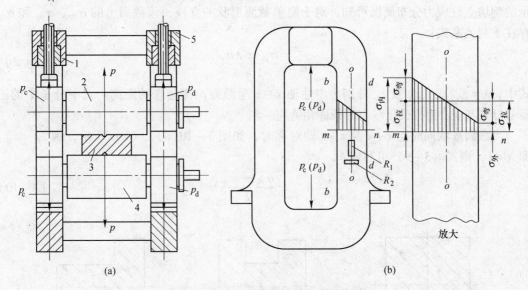

图 3-9 轧机工作机架受力分析简图

（a）轧制力对机架的传递示意图；（b）牌坊立柱截面应力分布简图

1，5—辊侧及传动侧机架牌坊；2，4—上、下工作轧辊；3—轧件；R_1，R_2—应变片

最小应力发生在立柱的外侧表面 d—d 上，其值为

$$\sigma_{外} = \sigma_{拉} - \sigma_{弯} = \frac{p_{c(d)}}{2A} - \frac{M}{W_{外}} \qquad (3-4)$$

在中性面 o—o 上，弯曲应力等于零，只有轧制力引起的拉应力，其值为

$$\sigma_{拉} = \frac{\sigma_{内} + \sigma_{外}}{2} = \frac{p_{c(d)}}{2A} \qquad (3-5)$$

由此可见，为了测得拉应力，必须把应变片粘贴在牌坊立柱的中性面 o—o 上，以消除弯曲应力。因此一扇牌坊所受到的拉力为

$$p_{牌} = p_{c(d)} = 2\sigma_{拉} \cdot A \qquad (3-6)$$

式中 $W_{外}$——立柱外表面的抗弯断面系数；

M——立柱受的弯矩；

A——牌坊一个立柱的横截面积；

$p_{c(d)}$——换辊侧（或传动侧）牌坊的受力；

$\sigma_{拉}$——所测牌坊立柱的拉应力。

若四根立柱受力条件相同，则总轧制力 p 为

$$p = 2p_{牌} = 2\sigma_{拉} \cdot A \tag{3-7}$$

或根据轧件在轧辊上的位置（轧制力作用点），由杠杆原理求出总轧制力 p

$$p = p_{牌}\frac{l}{l-a} = 2\sigma_{拉}A\frac{l}{l-a} \tag{3-8}$$

式中　l——两压下螺丝的中心距，mm；

　　　a——轧制力 p 的作用点到所测牌坊压下螺丝轴线的距离，mm。

（2）确定中性面位置的方法。根据材料力学关于梁的应力分析原理及图 3-9(b) 所示的牌坊立柱应力分布简图可知，对于简单截面形状的立柱，该截面上的 $\sigma_{拉}$、$\sigma_{内}$ 和 $\sigma_{外}$ 存在下列关系式：

$$\sigma_{拉} = \frac{\sigma_{内} \pm \lambda\sigma_{外}}{1+\lambda} \tag{3-9}$$

式中，$\lambda = z_{内}/z_{外}$，$z_{内}$ 及 $z_{外}$ 分别为中性轴 $x-x$ 至截面两侧边缘的距离。式中分子中的正负号分别与 $\sigma_{拉}$ 为拉或压应力的条件相适应。

当截面形状同时与 $x-x$ 及 $z-z$ 轴对称时，如图 3-10(a)、(b) 所示，因 $z_{内} = z_{外}$，即 $\lambda = 1$，则式 (3-9) 可写成：

$$\sigma_{拉} = \frac{\sigma_{内} \pm \sigma_{外}}{2} \tag{3-10}$$

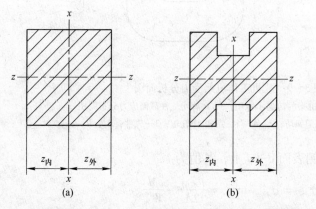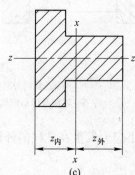

(a)　　　　　　　　　(b)　　　　　　　　　(c)

图 3-10　牌坊立柱截面简图

对于复杂截面，先测出立柱内外表面应力 $\sigma_{内}$ 和 $\sigma_{外}$，再求出 $\sigma_{拉}$，然后在立柱的另外两个表面的不同位置上测量应力 σ。当 $\sigma = \sigma_{外}$ 时，则通过此应力点平行于牌坊立柱内外侧面的平面，即为中性面。

立柱中性面确定后，电阻应变片按垂直和水平方向粘贴，可用半桥或全桥接线。图 3-11 所示为牌坊立柱上的布片及组成全桥的方式。为了防止应变片的机械损坏及油、水、蒸汽等介质的侵蚀，应变片应妥善保护。为了防止轧件热辐射的影响，对于热轧机来说，应尽量把测点布置在沿轧辊向的外侧表面上。

采用牌坊立柱变形法测量轧制力的优点是：无需更动现有设备，无需使用造价较高的专用测力传感器，且安装、维修大为方便。其不足之处是：测量精度较低；在牌坊立柱上

直接粘贴应变片需占较多的非生产时间；不易进行永久化处理；牌坊立柱应力信号较小等。

B 应变拉杆法

由于牌坊安全系数大，应力水平低，输出信号小，因此，为了提高测量精度，可采用如图 3－12 所示的应变拉杆法。在牌坊立柱中性面 4 上焊两个支座 1，在二者之间固定三段粗拉杆 2，其间用一根细小拉杆 3（有效长度为 l，其上粘贴应变片，组成电桥）相连。当粗拉杆刚度远远大于细小拉杆时，可认为粗拉杆不发生变形，而牌坊立柱长度为 L 内的变形主要集中在细小拉杆上，其应力 $\sigma_{杆}$ 为

$$\sigma_{杆} = \sigma_{柱} \frac{L}{l} \tag{3-11}$$

由式（3－11）可见，细小拉杆应力 $\sigma_{杆}$ 是立柱应力 $\sigma_{柱}$ 的 L/l 倍。

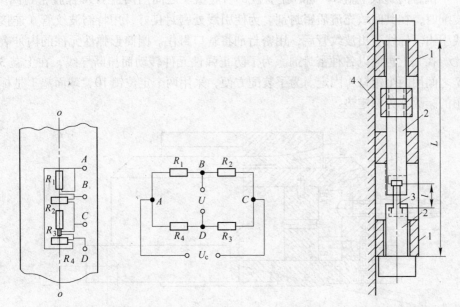

图 3－11 机架立柱上的布片及组桥   图 3－12 应变拉杆的结构和安装示意图

1—支座；2—粗拉杆；3—细小拉杆；4—中性面

该方法的优点是拉杆加工、安装和更换都比较方便，寿命也比较长。当立柱横截面形状不复杂（例如矩形或正方形）时，用这种方法测量的轧制力还是比较精确的。

其缺点是若立柱横截面形状不规则，中性面不易找准。由于各种因素影响，四根立柱受力情况不尽相同，所以会引起较大误差。实验表明，用拉杆法和传感器法测出的轧制力误差，最大可达 8% ~ 10%。

C 轧制力的标定方法

（1）直接标定。即对牌坊直接加载标定出轧制力的数值。优点是避免了材料、应力与机架几何因素等方面的影响。缺点是需要专门的大力值的加载装置，而且需要停车，时间较长。

（2）间接标定。即采用应变梁进行标定。

3.2.4.2 电阻应变式测力传感器选择

在轧制生产中，测力传感器也称为测压头，简称压头。在轧制设备中，由于轧制力

大，工作条件差，安装传感器的位置也受到限制，因此不能应用出售的现成传感器，必须根据每套轧机的具体条件自行设计和制造。

在进行传感器设计时，主要是根据被测力学参数的性质、测量范围、精度要求以及传感器的工作环境条件、安装位置的空间尺寸等具体情况来考虑传感器的结构形式。

A　测力传感器的结构选择

电阻应变式测力传感器主要由弹性元件和应变片组成的电桥构成。为了使传感器可靠地工作，还应有加载、支撑和固定装置，外壳（包括上盖、底盘和球面垫）和密封装置以及引线装置等。一般传感器的典型结构如图 3－13 所示。传感器承受的载荷是通过球面垫 2、上盖 3 和底盘 9 作用在弹性元件 5 上。为了对偏心载荷和歪斜载荷起调节作用，以及保证把全部载荷都加到弹性元件上，采用了球面垫 2。为了防止水、油等介质进入传感器内部，采用一个倒置的碗状上盖 3。同时在上盖 3 与底盘 9 之间用两道 O 形橡胶密封圈 7 和 8 密封。装配时，在其间填充流质密封剂。为使引线处密封良好，用特制波纹管 6 连接橡皮管将导线引出。导线引出波纹管后，用密封剂将管口封住。圆筒形弹性元件的内外表面贴有应变片，在其上再涂以各种密封剂。为了防止弹性元件转动而扭断导线，在上盖 3 和弹性元件 5 之间用两个销钉 4 固定。为了装配方便，采用两个定位销 10，球面垫 1 是标定传感器时用的，故称为标定垫。

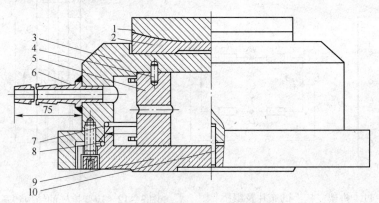

图 3－13　一般传感器的典型结构形式

1—标定垫；2—球面垫；3—上盖；4—销钉；5—弹性元件；
6—波纹管；7, 8—橡胶密封圈；9—底盘；10—定位销

图 3－14 为一种简易传感器，它省去了结构复杂而笨重的外壳，使得传感器结构大为简化。球面垫采用可拆卸的凹面垫，其圆弧 R 与压下螺丝端面相同。这样就做到了一种传感器，多种用途，只要吨位数相同的不同类型轧机皆可用同一种传感器，这只要更换一个球面垫即可，大大地提高了传感器的通用性。应变片采用环氧树脂密封，以防受潮。经验证明，用这种方法保护的传感器，在潮湿条件下放置多年，仍可照常使用。

下面介绍有关外壳结构设计方面的几个问题：

（1）外壳的作用。外壳主要有传力和均力、密封、机械防护的作用。

1）传力和均力。通过球面垫、上盖和底盘把全部载荷加到弹　　图 3－14　简易传感器

性元件上。为此要求上盖和底盘应具有一定的机械强度，以便起到传力和均力板的作用。为使载荷均匀地加在弹性元件上，要求与其接触的上盖和底盘的平面要磨削。必要时，应在上盖与弹性元件之间、底盘与弹性元件之间垫以铜垫，以保证接触均匀。

2）密封。防止水、油、蒸汽等介质浸入传感器内部，破坏其正常工作。因此密封是设计传感器结构的一个重点。

3）机械防护。防止弹性元件在搬运和工作过程中碰伤。为搬运方便，大吨位传感器应设有专用凸耳或吊环。

（2）外壳选择。外壳的选择主要包括以下内容：

1）确定传感器的安装位置。传感器在轧机上的安装位置有三处可供选择：压下螺丝与上轴轴承座之间、下辊轴承座与牌坊下横梁（或压上螺丝）之间以及下螺母与牌坊上横梁之间。上述三种安装位置各有利弊，应根据轧机具体情况选择。从测定工作方便出发，传感器多装在第一种位置上。尤其是短期临时性测量，更是如此。

2）确定传感器的结构和外形尺寸（高度和宽度）。传感器的具体结构形式依轧机类型、工作环境和工作时间而定。传感器的总高度应小于压下螺丝上抬极限位置到上辊轴承座上表面之间的距离。

3）传感器的防护。由于轧机形式不同，工作环境不同，故其防护侧重点也不相同。例如，在设计初轧机用传感器时，重点是防转。一方面，要防止压下螺丝转动时，带动传感器旋动，绞断导线，从而破坏其正常工作；另一方面，要防止传感器内部的弹性元件与上盖、底盘之间相对移动，以免绞断导线和改变原来的接触条件，从而破坏了传感器的测定条件与标定条件的一致性。目前国内常用的防转方式有键槽式和宝塔式，如图 3 - 15 所示。

在设计型钢轧机用传感器时，重点是密封，常用的几种密封形式如图 3 - 16 所示。

在设计热轧钢板轧机用传感器时，重点是防温。通常采用带有循环水套的外壳，如图 3 - 17 所示。在底盘 1 的外面焊一个外罩 2，并经由波纹管 7 通水冷却。弹性元件 3 为一圆筒体，放在底盘 1 中，上盖 4 和底盘 1 用螺钉连接起来，并用两个橡胶密封圈 5 和 6 密封。

B 弹性元件选择

弹性元件的作用是将所测力转换成应变，再由应变片组成的电桥转换成电信号，以便测量和记录。弹性元件是传感器的关键性部件，它的好坏关系到传感器的精度、灵敏度、线性度和稳定度。因此，在设计弹性元件时，必须根据实际情况，合理地选择弹性元件材料、几何形状和尺寸、支撑点结构和力的传递点等。同时还应综合考虑它的工艺性，即金属加工的工艺性、应变片粘贴的工艺性以及传感器密封的工艺性等因素。

（1）对弹性元件的要求。线性好，强度大，过载能力强，重复性好，热膨胀系数、弹性模量和温度系数小，以保证传感器温漂小。

（2）弹性元件的材料选择和加工。在选择弹性元件材料时，应考虑以下几个问题：

1）轧制力大小。若轧制力不大（几十吨），可选用中碳钢。若轧制力很大（几百吨），一般选用优质合金钢、合金结构以及弹簧钢等，以取得较大的许用应力，提高传感器的灵敏度，减小弹性滞后。对于永久性传感器，还要考虑到疲劳寿命和淬透性，一般选用弹簧钢。

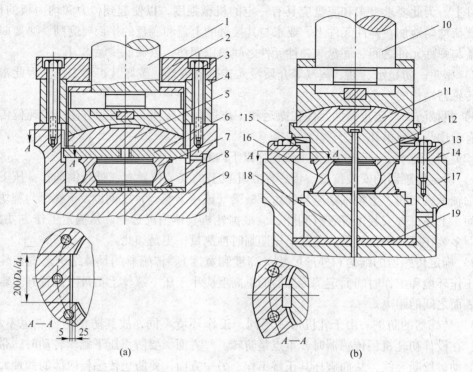

图 3 – 15 初轧机用传感器及其防转装置

（a）950 初轧机用传感器装配图；（b）1150 初轧机用传感器装配图

1，10—压下螺丝；2，14—法兰盘；3，13—螺栓；4—垫环；5，11—铜垫；6，12—上盖板；

7，16—弹性元件；8，18—下垫片；9，17—上辊轴承座；15—键块；19—低垫

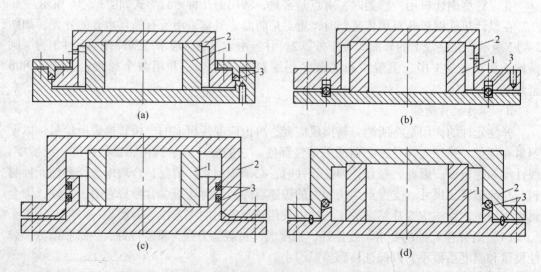

图 3 – 16 传感器常用的几种密封结构形式

1—弹性元件；2—上盖；3—密封圈

2）输出信号大小。为提高传感器灵敏度，希望输出信号大一些，即弹性变形大，应选用屈服强度高的材料，这方面也是合金钢优越。

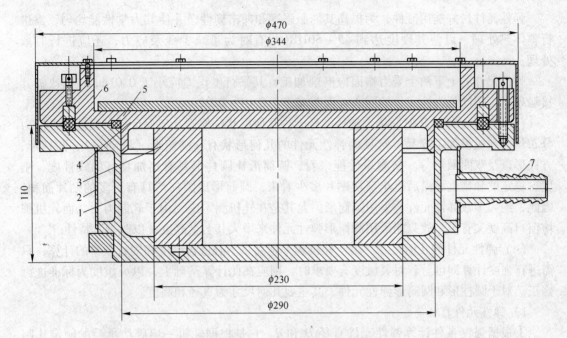

图 3-17 热轧机用 400t 传感器
1—底盘；2—外罩；3—弹性元件；4—上盖；5，6—橡胶密封圈；7—波纹管

总之，弹性元件材料应选用具有较高的强度极限和弹性极限，较小的蠕变和滞后，恒定的弹性模量，良好的机械加工与热处理性能。

弹性元件常用的材料，见表 3-1。大吨位高精度传感器的弹性元件材料为：美国用 SAE4340、H11；英国用 En26；日本用 SNCM8；我国用 65Si2MnWA、40CrNiMoA、60Si2MnA。50CrVA 和 60Si2MnA 用于承受交变载荷的弹性元件。

表 3-1 弹性元件常用的材料及其机械性能

材料		弹性模量/GPa		线膨胀系数	抗拉强度	屈服强度	备 注
钢号	名称	E	G	$\beta/\text{℃}^{-1}$	σ_b/MPa	σ_s/MPa	
15CrMnMo	合金结构钢				932	686	一般弹性元件
40Cr	合金结构钢	2.10×10^2		11×10^{-6}	981	785	
65Mn	锰弹簧钢	2.06×10^2	8.2×10		981	785	
35CrMo	合金结构钢				981	835	
45Cr	合金结构钢				1030	835	
30CrMnSiA	合金结构钢	2.10×10^2		11×10^{-6}	1080	883	
35CrMoV	弹簧钢				1080	930	
50CrVA	铬钒弹簧钢	2.10×10^2	8.3×10	11.3×10^{-6}	1275	1079	重要弹性元件
50CrMnA	铬锰弹簧钢	2.06×10^2	8.3×10		1275	1177	
60CrMnSiA	合金结构钢				1618	1275	高精度弹性元件
60SiMnA	硅锰弹簧钢	2.06×10^2	8.7×10	11.5×10^{-6}	1569	1373	疲劳强度高
65Si2MnA	硅钨弹簧钢	2.0×10^2		11×10^{-6}	1863	1667	高精度弹性元件
GH33A	高温合金	2.28×10^2			1220 ~ 1260	820 ~ 860	用于高温传感器

弹性元件最好选用锻件，为提高其屈服强度和冲击韧性，并使其力学性能均匀，需进行整体热处理，以使其硬度达到 45 ~ 50HRC。有时为了减少残余应力，还应进行时效处理。

弹性元件的上下两个受力端面应磨削加工，其平行度误差应小于 0.01mm，以改善其接触条件。圆筒形弹性元件的同心圆误差应小于 0.01 ~ 0.02mm。

（3）弹性元件的几何形状。选择弹性元件几何形状的原则是应保证沿其横截面上应力分布均匀和机械加工容易。常见的弹性元件的几何形状有：圆筒形（圆环形）、圆柱形、方柱形以及双曲面形等。从测量性能来看，圆筒形比圆柱形具有更加良好的线性度、刚度、稳定度和精度，滞后也小。从贴片多少看来，圆筒形比圆柱形具有更多的贴片面积。因此，绝大多数弹性元件均采用圆筒形。尤其是在轧机测定中，由于轧制力大，而轧机牌坊窗口高度又有限，故只能采用圆筒形弹性元件来增大其名义高度，以改善其特性。

（4）弹性元件的几何尺寸。由于轧机频率不高，不必进行刚度和固有频率的计算，只需进行强度计算即可。若对灵敏度有要求时，则应在此计算基础上，以灵敏度为标准进行修正。对于圆柱形和圆筒形弹性元件，其主要几何尺寸为直径和高度。

1）弹性元件直径。

①根据强度条件计算弹性元件直径 D 和 d。它是根据轧机一扇牌坊承受的额定轧制力，并参考压下螺丝端头直径（应小于或等于端头直径）确定的。

对于圆柱形弹性元件，其直径为

$$D \geqslant 2\sqrt{\frac{P_N}{\pi[\sigma]}} = 1.13\sqrt{\frac{P_N}{[\sigma]}} \tag{3-12}$$

对于圆筒形弹性元件，其外径应小于或等于压下螺丝端头直径，其内径为

$$d \leqslant \sqrt{D^2 - \frac{4P_N}{\pi[\sigma]}} \tag{3-13}$$

式中　　D——弹性元件外径，mm；

　　　　d——弹性元件内径，mm；

　　　　P_N——轧机一扇牌坊承受的额定轧制力，kN；

　　　　$[\sigma]$——弹性元件材料的许用应力，MPa，$[\sigma] = \left(\dfrac{1}{4} \sim \dfrac{1}{3}\right)\sigma_s$。

在选用弹性元件材料的许用应力 $[\sigma]$ 时，要考虑以下因素：弹性元件的线性好，并有较高的灵敏度；传感器可承受 120% 的过载量和 150% 的瞬时过载量；疲劳强度；应变片和黏结剂的屈服强度比合金钢小得多。例如，康铜的屈服强度 392MPa，缩甲乙醛黏结剂的强度也大致在这个范围内。而 40Cr 的屈服强度则为 785MPa，60Si2MnA 更高（1373MPa）。如果弹性元件的工作应力完全按照 40Cr 的最大限度（785MPa）去取，则将大大地超过康铜应变片的屈服强度，故产生塑性变形。这样便会造成应变片与弹性元件之间的"滑移"，最后导致脱胶。考虑到上述几种因素的影响，故弹性元件材料的许用应力 $[\sigma]$，一般选取该种材料的屈服强度的 1/4 ~ 1/3。对于碳钢可取 $[\sigma] = 98 \sim 196$MPa，对于合金钢可取 $[\sigma] = 196 \sim 294$MPa。

②根据灵敏度计算弹性元件直径 D 和 d。当传感器外接的二次仪表不是应变仪，而是灵敏电表或负荷指示器时，则应根据所要求的灵敏度计算弹性元件直径 D 或 d。

若给定灵敏度 S，便可根据额定载荷 P_N 计算出圆柱形和圆筒形弹性元件的直径 D 和 d

$$D = \sqrt{\frac{2KP_N}{\pi ES}(1 + \mu) \times 10^3} \qquad (3-14)$$

$$d = \sqrt{D^2 - \frac{2KP_N}{\pi ES}(1 + \mu) \times 10^3} \qquad (3-15)$$

式中　S——传感器灵敏度，在额定载荷下，供桥电压为 1V 时，电桥输出的毫伏数，mV/V，通常取 $1 \sim 2$mV/V；

　　　　K——应变片灵敏系数；

　　　　μ——弹性元件材料的泊松比；

　　　　E——弹性元件材料的弹性模量，GPa。

计算出的直径应校验 σ 值，使其满足强度条件，即 $\sigma \leqslant [\sigma]$。

2）弹性元件的高度。弹性元件高度对传感器精度影响很大，因此，必须合理地确定其大小。确定弹性元件高度的基本原则：首先是沿其横截面上变形均匀，以便如实地反映弹性元件的真实变形。其次要考虑到弹性元件的稳定性以及动态特性等因素。

根据圣维南原理：当圆柱体高度与其直径的比值 $H/D \gg 1$ 时，则沿其高向中间截面上的应力状态和变形状态与其断面上作用的载荷性质和解除条件无关，这就是排除了圆柱体端面上的接触摩擦和不均匀载荷以及偏心载荷对变形的影响。图 3-18 所示为在圆柱体中心施加集中载荷 P 时，应变分布随高度的变化。由图可知，圆柱体高度越高，其横截面上的应变分布越均匀。在图 3-18 集中载荷 P 作用下，当 $H/D = 2$ 时，其误差为 3%。因此，为了使弹性元件的贴片部位变形均匀，应使其高度与直径之比足够大，以取得较高的测量精度，因此，为了减少端面上接触摩擦和偏心载荷对变形的影响，一般应使 $H/D \geqslant 3$。然而这种要求往往是做不到的，这是因为受到牌坊窗口高度限制的缘故。

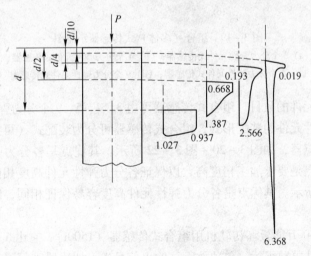

图 3-18　高度与应变的分布关系

另一方面，从弹性元件的稳定性来看，若弹性元件太高，其稳定性就差，这就降低了抗侧向力的效果，因此又希望它的高度低一些。

此外，从动态误差方面来考虑，为使误差小于 2% ~ 3%，则希望弹性元件的自振频率比被测载荷的最大频率大十倍。而弹性元件越低，其自振频率越高，因此也希望弹性元件高度低一些。

综上所述，为了减小测量误差，并考虑到弹性元件的稳定性，弹性元件高度 H 应按下式选取：

对于圆柱体，取　　　　　　　　　　　　$H \geqslant 2D + l$

对于圆筒体，取　　　　　　　　　　　　$H \geqslant D - d + l$

式中　l——应变片基长，mm。

对于轧机而言，弹性元件高度主要受到其安装位置的约束，故 H/D 达不到上述要求。为了保证测量精度，多采用圆筒形弹性元件，以增大其名义高度，改善其特性。

对于大吨位传感器，有时即使采用圆筒形弹性元件，也不能满足 H/D 要求，因此不得不采用组合（多体）式传感器，如图 3 - 19 所示，以进一步提高 H/D 值，降低传感器高度。组合式传感器由若干个直径小的分力弹性元件组成一个大型传感器。

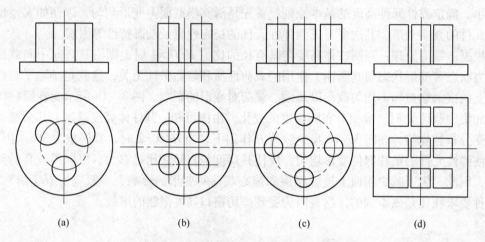

图 3 - 19　组合（多体）式传感器示意图
（a）3 个分力弹性元件式传感器；（b）4 个分力弹性元件式传感器；
（c）5 个分力弹性元件式传感器；（d）9 个分力弹性元件式传感器

根据分力弹性元件的数目，组合式传感器可由 3、4、5、9 个分力弹性元件组成。

根据各分力弹性元件的装配形式，组合式传感器可分为装配式（可拆卸）和整体式两类。装配式组合传感器，如图 3 - 20 ~ 图 3 - 22 所示。其优点是各分力弹性元件机械加工和贴片等方便。缺点是要求加工精度高，以保证各分力弹性元件高度相同。整体式组合传感器，如图 3 - 23 所示。其优点是各分力弹性元件高度容易保证相同，缺点是机械加工和贴片不方便。

图 3 - 22 为 1150 万能板坯初轧机用组合式传感器（1500t），它由 5 个圆筒形弹性元件组成。每个弹性元件单独组桥，单独放大，输出信号送入加法器进行瞬时值相加，得到总载荷。

组合式传感器的优点是高度低，H/D 大，承载吨位大（达几千吨以上）。其缺点是要求机械加工精度较高，以保证所有的弹性元件高度都相同。另外，由于弹性元件数目增多，工作量大，维护不便。

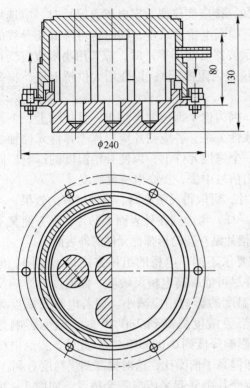

图3-20 型钢轧机用组合式传感器

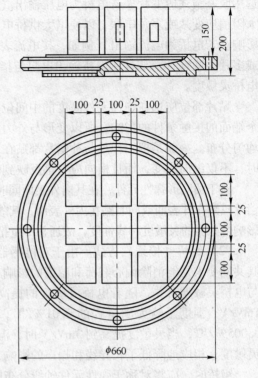

图3-21 2800厚板轧机用组合式传感器

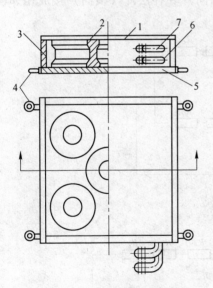

图3-22 1150万能板坯初轧机用
组合式传感器

1—上盖；2—弹性元件；3—边框；4—吊环；
5—底盘；6—引线管；7—压缩空气管

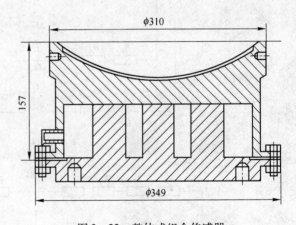

图3-23 整体式组合传感器

C 电气参数选择

（1）应变片及其贴片部位的选择。长期使用的传感器，要求性能稳定，蠕变小，故应选用胶基箔式应变片。若电桥为电压输出（例如，接应变仪或数字电压表等）时，应选用大阻值应变片或多片串联，以便增大供桥电压，提高电桥灵敏度，同时也可降低长导线的影响。若电桥为电流输出（例如，接电流表或示波器振动子等）时，应选用小阻值应变片或多片并联（注意应使用电桥输出电阻与指示仪表内阻匹配），以便增大供桥电流，提高电桥灵敏度。

贴片部位应选在弹性元件高度的中间位置。因为这个部位变形均匀，且排除上、下两个端面的接触条件的影响，所以变形与外力呈线性关系。各应变片应对称于弹性元件轴线均匀分布。一般是把工作片与补偿片都贴在同一个弹性元件上，以便补偿温度的影响。同时，不仅纵向应变，而且横向应变都反映到输出信号中去，提高电桥灵敏度。

对于圆筒形弹性元件，在其内外表面同时贴片，可取得灵敏度高、线性度好的效果。补偿片只贴在外表面或同时贴在内外表面，其效果一样。考虑到在外表面上贴片，既方便又不影响传感器的灵敏度和线性度，故通常尽量把补偿片贴在圆筒形弹性元件的外表面上。

（2）组桥（接线）方式。由于对传感器的要求不同，电桥的组桥方式也不相同。但其共同要求是能消除偏心载荷和温度的影响，并尽可能提高电桥灵敏度。而温度的影响又与电桥灵敏度有关，随着电桥灵敏度的提高，温度的影响相应减小。假若电桥灵敏度为 $1mV/V$，温度影响为满量程的 $0.01\%/℃$，则当灵敏度提高到 $2mV/V$ 时，温度影响为 $0.005\%/℃$，当灵敏度提高到 $3mV/V$ 时，温度影响降低到 $0.0033\%/℃$。此外，提高电桥灵敏度，相应地降低了长导线和噪声的影响，即提高了信噪比，这对提高测量精度有利。

组桥时，应将对称于弹性元件轴线分布的应变片串联起来组成一个桥臂，如图 3 - 24 所示，以消除偏心和不均匀载荷的影响。工作片（纵向）和补偿片（横向）接成相邻桥臂，以补偿温度的影响。

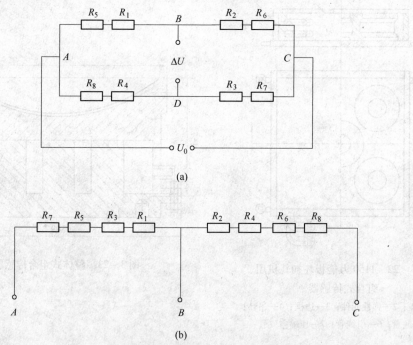

图 3 - 24　圆柱形弹性元件的布片与组桥方案
(a) 全桥组桥；(b) 半桥组桥

D 影响传感器精度的因素及其解决方法

影响传感器精度的主要因素是弹性元件的高径比，其次是载荷性质。例如，载荷分布不均、偏心和歪斜等。前者前面已经介绍过了，下面介绍后者及其影响因素。

a 载荷性质的影响

传感器时按照理想情况设计的，即假定弹性元件内部应力分布均匀。在材料试验机上标定时，承受的载荷也是均匀的。然而，在实际测定时，传感器的受力情况十分复杂，归纳起来如图3-25所示。图3-25中（a）为中心均匀载荷；（b）和（c）为中心不均匀载荷；（d）、（e）和（f）为偏心载荷。因此，当传感器受力不均、偏心时，除受压缩力之外，还会产生弯曲应力等非工作力学因素的影响，这就造成弹性元件测面各点的应变不均，于是出现非线性，如图3-26中的b'，近似集中载荷，从而造成测量误差。

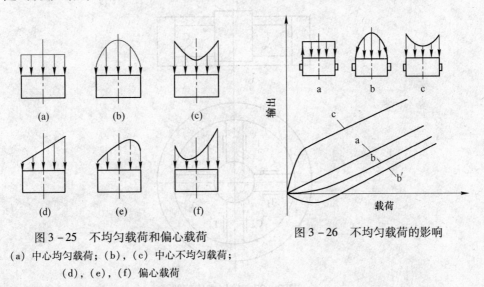

图3-25 不均匀载荷和偏心载荷
（a）中心均匀载荷；（b），（c）中心不均匀载荷；
（d），（e），（f）偏心载荷

图3-26 不均匀载荷的影响

歪斜载荷对传感器精度影响很大，歪斜越大，误差越大。当载荷歪斜5%时，误差达50%。

b 消除载荷不均的措施

（1）在设计传感器结构时，应带有球面垫，以起到自动调位作用，使应力分布均匀些。实验证明，当有球面垫时，歪斜载荷引起的误差是极小的，一般不超过1.5%，因此可以忽略不计。

（2）在工作环境空间高度允许条件下，弹性元件高度应尽量选择高一些，以满足H/D的要求。

（3）弹性元件尽可能选用圆筒体，以增加其名义高度，改善特性。

（4）采用多贴片（因为贴片越多，补偿能力越大），并使其均匀地分布在弹性元件的内外侧表面上。同时，把对称于弹性元件轴线的应变片串联在一个桥臂上，以消除偏心载荷的影响。

（5）对圆筒形弹性元件，内外表面都贴片。内外工作片串联作为一个桥臂，内外补偿片串联作为另一个桥臂。这样，由于各点的变形不同就可在同一电路中得到补偿，能保证更好的线性。

3.2.4.3　剪切式测力传感器选择

剪切式测力传感器的形式很多，有轮辐式、垛口式等，目前使用较多的是轮辐式传感器。其突出优点是高度低、线性好、精度高、抗偏心和侧向能力强等。缺点是纵向刚度低（不宜在冷轧机上使用）和外径大。

A　工作原理

这种传感器的外形很像车轮，如图 3 - 27 所示，外力作用在轮毂的上端面和轮箍的下端面上。在外力作用下，轮辐产生于外力成比例的剪应力，其大小等于与轮辐中性面成45°方向上通过测出拉应变或压应变，进而换算出的剪应力。

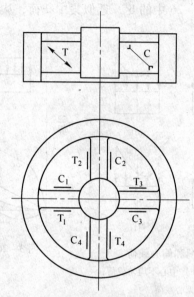

图 3 - 27　轮辐式传感器

T—受拉应变片；C—受压应变片

B　机械结构选择

（1）轮毂和轮箍。轮毂和轮箍的刚度应足够大，以减小轮辐挠度。轮毂直径应小于或等于轧机压下螺丝端头直径。

（2）轮辐尺寸。轧机用传感器应有足够强度，故按强度选择。

1）轮辐断面尺寸。按剪切强度计算

$$bh \geq 1.87 \frac{P_N}{\sigma_s} \qquad\qquad (3 - 16)$$

式中　b——轮辐宽度，mm；

　　　h——轮辐高度，mm，取 $h = 2 \sim 2.5b$。

2）轮辐长度 l。在保证能贴下应变片的情况下，轮辐长度应尽量小（一般取 $l/h < 1$），以保证轮辐承受纯剪切作用。

（3）过载保护间隙。凭经验选取，一般取 $1 \sim 2mm$。

C　电气结构选择

应变片应粘贴在轮辐长度中部的两侧与其中性面成45°方向的位置上，在此位置各贴一枚受拉和受压应变片，如图 3 - 28 所示，以测量与剪应力对应的正应力。

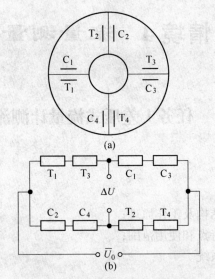

(a)

(b)

图 3 - 28 应变片布片及组桥图

(a) 应变片布片图；(b) 组桥图

为了消除偏心载荷的影响，每对轮辐的受拉片与受拉片串联组成一臂，受压片与受压片串联组成另一臂。

3.2.5 习题

(1) 试述力参数测量的方法及特点。

(2) 轧制力检测的方法有哪些，需要注意的问题是什么？

情境4 流量测量

4.1 任务1 差压式流量计测流量

4.1.1 学习目标

知识目标：
（1）差压式流量计的结构及工作原理；
（2）差压式流量计的特点和使用范围；
（3）差压 – 流量检测系统。

能力目标：
（1）按孔板使用规定正确使用孔板；
（2）差压 – 流量检测系统测流量。

4.1.2 工作任务

（1）掌握孔板的使用；
（2）差压 – 流量检测系统安装和测量。

4.1.3 实践操作

气体流量的测量与控制实践步骤为：

（1）设备、仪器的准备：气体流量测量控制仪、流量传感器、主控台上的气压源、计算机、数字万用表。

（2）将上述所需部件组成一个气体流量测量闭环测控系统。

（3）用快速接插气管将流量计右侧的进气口与压力源的出气口相连（气管需插到底）。

（4）将流量计左侧的出气阀打开约10°~30°。

（5）将流量测控仪上的"手动/自动"开关抬起置"手动"位。

（6）将主控台上气压源的控制方式开关置"手动"位，压力手动调节电位器逆时针至最小。

（7）检查系统接线无误后，开启各部分电源开关。

（8）顺时针调压力旋钮，观察压力表指示值变化，慢慢增大压力，注意观察流量测控仪上的流量指示值（瞬时流量）。

（9）从压力为0kPa起，每隔1kPa或2kPa（与流量传感器左侧的出气阀开度有关）记录下压力表的压力值（kPa）与流量表的流量值（L），直至流量不变化为止，并填入表4 – 1。

表 4 – 1 流量、压力记录表

压力/kPa					
流量/L					
A/D 端电压/V					

如需要，可用数字万用表测量 A/D 端的输出电压值。它是流量变送器输出的 0 ~ 5V 标准信号电压。

（10）作出压力 – 流量曲线，分析曲线特点。

（11）注意：如果流量计出气阀开得较大，会导致压力源压力不足，影响流量数据点的测量，请将流量出气阀关小一些（不要关闭）。

（12）仔细阅读 SET – 300 测控系统软件运用说明，并按说明在计算机上安装好软件。在计算机测控界面上，选择"自定义"实验内容，键入"流量测量控制实验"后回车，并设定好相关控制值及调节规律 PID 三个参数，选择正确的 A/D、D/A 通道。

（13）点击"运行"按钮，注意数据采集器上的绿色发光二极管是否闪烁，如有闪烁，表示数据采集器与计算机通讯联系正常，否则需检查：通讯端口是否设置正确、计算机通讯口是否正常工作、软件是否安装正确。

（14）注意观察测控界面右方的图形框，可以看到黄、红、绿三条曲线，黄线表示设定值、红线表示控制量输出曲线、绿线表示测量值（过程量）输出曲线。

（15）随着实验进行绿线将逐步靠近黄线，说明流量值正逐步接近设定值，经过逼近—超调—逼近几个周期，流量值趋于稳定，注意观察稳定后偏差指示大小。

（16）改变流量设定值（下降或上升），观察控制曲线的输出状况及测量值（过程量）的响应状态。

（17）改变流量设定值，分别改变 PID 三个参数中的任一参数，观察控制曲线的输出状态及测量值（过程量）的响应状态。

（18）界面左边是数据框，表示实时测量数据。

（19）在实验过程中如按"暂停"按钮则采样终止，点击"历史"按钮可察看整个调节过程的曲线，再按一次"暂停"按钮，采样继续进行。

（20）差压 – 流量检测系统的各部分连接，根据安装注意事项正确进行安装、测量和数据处理。

4.1.4 知识学习

流量是指单位时间内流过管道横截面的流体数量，也称瞬时流量。流量可用体积流量 Q 表示，它是管道某处的横截面积 F 与该处流体的平均流速 v 的乘积，即 $Q = Fv$，单位有 m^3/h、m^3/s 等；也可用质量流量表示，它由体积流量乘以流体的密度 ρ 而得，即 $M = Q\rho$，单位有 kg/h、kg/s 等。

在冶金生产过程中，使用着大量的流体介质，比如空气、煤气、氧气、燃料油、水等，这些流体介质的使用量通常都应进行检测和控制，以保证生产设备在负荷合理而安全的状态下运行，同时也为进行经济核算提供基本的依据。本章重点介绍冶金工厂常用的流量检测仪表，并就其原理、主要组成、特点以及安装使用等基本知识作扼要的叙述。

　　差压式流量计又称节流式流量计，它是在流体流经的管道中加节流装置，当流体流过时，通过测节流装置两端的差压反映流量的流量计。差压式流量计是由节流装置、导压管及差压检测仪表组成的。节流装置结构简单、安装使用方便、且一部分已标准化，是目前冶金厂使用最多的一种流量计，常用于对水、空气、氧气、煤气等流体流量的测量，本节将着重讨论。

4.1.4.1　节流装置的类型及特点

　　生产中常用的三种典型节流装置是孔板、喷嘴、文丘里管，其结构如图 4-1 所示。通过三种节流装置时流体的流动状况如图 4-2 所示。

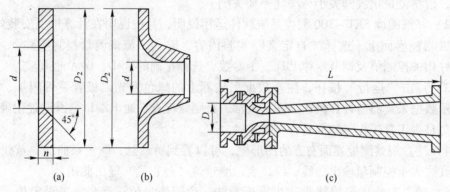

图 4-1　节流装置
（a）标准孔板；（b）标准喷嘴；（c）标准文丘里管

　　由图 4-2 可以看出，孔板的流入截面是突然变小的，而流出截面是突然扩张的，流体的流动速度在孔板前后发生了很大的变化，从而形成了大量的涡流，阻碍了流体的流动，造成了很大的能量损失，所以流体流过孔板后的压力损失是较大的，但孔板的结构简单，制造方便，故得到广泛应用。喷嘴的流入截面是逐渐变化的，所以它的流速也是逐渐变化的，这样形成的涡流就少，但喷嘴的流出面积是突然变化的，流出后的流束突然扩张，也造成大量涡流，阻碍流体的流动，故流体流过喷嘴的压力损失居中。文丘里管由于表面形状和流体流线形状相似，流体流过文丘里管前后的流动速度是逐渐变化的，不会在文丘里管前后产生很多的涡流，所以流体流过文丘里管前后的压力损失比较小，但文丘里管的结构复杂，制造不方便。因此在生产中使用应根据具体情况选择。下面以孔板为例讨论。

4.1.4.2　节流原理和流量方程式

　　图 4-3 所示为水平管道中安装节流装置——孔板，当流体连续流过节流孔板时，流束的截面将产生收缩，在截面收缩处流体的速度增加，动能增大而静压减小。在节流孔板前后由于压头转换将产生差压。在靠近孔板管壁处，由于涡流作用，静压是增大的。设孔板前侧面管壁处静压为 p_1，后侧面管壁处静压为 p_2，则在节流孔板前后两侧管壁处形成差压 Δp，且 $\Delta p = p_1 - p_2$。由伯努利方程和流体连续方程，可推出流过流体的基本流量方程式：

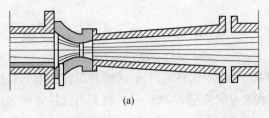

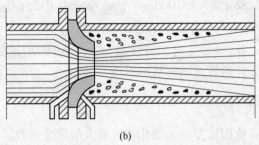

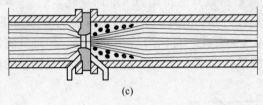

图 4 - 2　流体流束变化情况

（a）文丘里管；（b）喷嘴；（c）孔板

$$Q = a\varepsilon A_d\sqrt{\frac{2\Delta p}{\rho}} \qquad (4-1)$$

式中　a——流量系数；

　　　ε——流束膨胀系数；

　　A_d——孔板直径 d 处的开孔面积，m^2；

　　　ρ——流体密度，$\mathrm{kg/m}^3$；

　　Δp——孔板前后的压差，Pa。

在工业生产中，流量的计量单位通常用 m^3/h，而不用 m^3/s，孔板装置的开孔直径 d 和管径 D 不用 m 而用 mm 表示。基本流量方程式中的常数项 $\sqrt 2$ 也可归并出来，对上述的基本流量方程式经过这样的处理后，可得到如下的实用流量方程式：

体积流量：

$$Q = 3600 \times 10^{-6} \times \frac{3.14}{4} \times \sqrt{2}a\varepsilon d^2\sqrt{\frac{\Delta p}{\rho}} = 0.003996a\varepsilon d^2\sqrt{\frac{\Delta p}{\rho}} \qquad (4-2)$$

质量流量：

$$M = Q\rho = 0.003996a\varepsilon d^2\sqrt{\Delta p\rho} \qquad (4-3)$$

式中　d——工作状态下孔板的开孔直径，mm；

　　Δp——压差，Pa。

如果 Δp 采用 $\mathrm{kgf/m}^2$ 表示时，将 $1\mathrm{kgf/m}^2 = 9.81\mathrm{Pa}$ 代入式（4 - 2），则实用流量方

程为：

$$Q = 0.01252a\varepsilon d^2\sqrt{\Delta p/\rho} \tag{4-4}$$

$$M = 0.01252a\varepsilon d^2\sqrt{\Delta p\rho} \tag{4-5}$$

如果压差 Δp 用 20℃时的 mmH$_2$O h_{20} 表示（通常以在标准大气压下 20℃的水作为差压计的工作介质），这时水的密度为 998.2kg/m^3，则实用流量方程为：

$$Q = 0.01252\sqrt{998.2/1000}\,a\varepsilon d^2\sqrt{h_{20}/\rho} = 0.01251a\varepsilon d^2\sqrt{h_{20}/\rho} \tag{4-6}$$

$$M = 0.01251a\varepsilon d^2\sqrt{h_{20}\rho} \tag{4-7}$$

由此可知，当 a、ε、ρ、d 一定时，流量 Q 与差压 Δp 的平方根成正比。测出 Δp 可反映流量 Q，这便是节流装置测量流量的基本原理。

4.1.4.3　方程中系数讨论

流量系数 a 是一个影响因素复杂、变化范围较大的重要系数。当节流件的类型、直径比和取压方式已定时，流量系数只随雷诺数 Re_D 而变化。图 4-4 示出某一节流装置的 a 与 Re_D 的关系。可见，只有当 Re_D 值大于某一数值（称为界限雷诺数或最小雷诺数）时，a 基本上不再随 Re_D 的增大而变化，可认为是一个常数。在流量测量过程中，只有 a 基本上保持为常数才能保证测量准确度。这也是这种流量计准确测量的前提。

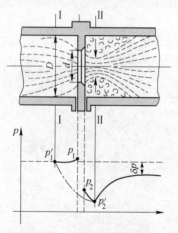

图 4-3　节流装置原理

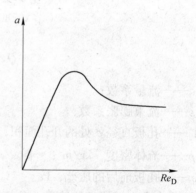

图 4-4　流量系数与雷诺数的关系

流体的密度是随被测流体的种类、成分、温度和压力状态的不同而变化的。当实际流体的密度偏离设计时给出的数值时，就会给流量测量结果带来附加误差。此时应该按实际使用的条件进行密度修正。

流束膨胀系数 ε。不可压缩流体的 $\varepsilon=1$，可压缩流体的 $\varepsilon<1$。ε 值决定于直径比 β、差压比 $\Delta p/p$，和流体的等熵指数 K。在设计时按常用流量确定的 ε 值，在测量过程中受 Δp 变化的影响较小，一般工业测量可忽略它的影响，只有在测量准确度要求较高的个别场合才予注意。

流体工作温度下的节流件开孔直径 d。由于节流件材质（例如不锈钢）的热膨胀系数一般都很小，对于一个已设计确定的 d 值，在测量过程中随流体温度的变化甚微，通常也可忽略 d 变化的影响。

总之，节流装置测量流量应在设计规定的条件下使用，流量方程中各系数保持常数才能保证测量准确度。

4.1.4.4 标准节流装置孔板

A 孔板的结构

标准孔板是一块圆形的中间开孔的金属薄板，开孔边缘非常尖锐，而且与管道轴线是同心的。用于不同管道内径的标准孔板，其结构形式基本是几何相似的，如图 4-5 所示。标准孔板是旋转对称的，上游侧孔板端面上的任意两点间连线应垂直于轴线。孔板的开孔，在流束进入的一面做成圆柱形，而在流束排出的一面则沿着圆锥形扩散，锥面的斜角为 ϕ，当孔板的厚度 $E > 0.02D$（D 为管道内径）时，ϕ 应在 30°~45°之间（通常做成 45°的为多）。孔板的厚度 E 一般要求在 3~10mm 范围之内。孔板的机械加工精度要求比较高。至于一些加工尺寸要求，本书不作介绍，用时可查有关资料。

B 孔板取压方式

标准孔板有两种取压方式，即角接取压法和法兰取压法。取压方式不同的标准孔板，其取压装置的结构、孔板的使用范围、流量系数的实验数据以及有关技术要求均有所不同，选用时应予注意。

（1）角接取压装置。角接取压装置有两种结构形式，如图 4-6 所示。图的下半部为单独钻孔取压结构，上半部为环室取压结构，孔板上、下游的压力在孔板与管臂的夹角处引出。

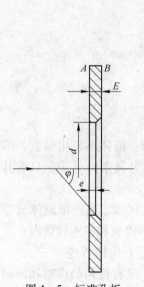

图 4-5 标准孔板

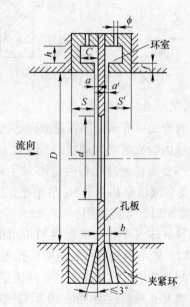

图 4-6 角接取压装置

单独钻孔取压，在前、后夹紧环上钻孔取压，钻孔斜度不大于 3°。取压孔直径 b 的实际尺寸应为 $1\text{mm} \leqslant b \leqslant 10\text{mm}$。对于直径较大的管道，为了取得均匀的压力，允许在孔板上、下游侧规定的位置上设有几个单独钻孔的取压孔，钻孔按等角距对称配置，并分别连通起来作为孔板上、下游的取压管。

环室取压是在节流体两侧安装前后环室，并由法兰将环室、节流体和垫片紧固在一起。为取得管道圆周均匀的压力，环室取压在紧靠节流体端面开一连续环隙与管道相通。环隙宽度 a 为 1~10mm。前环室的长度 $S < 0.2D$；后环室的长度 $S' < 0.5D$。环室的厚度 $f \leq 2a$。环室的横截面积 $h \times C$ 至少有 50mm^2，h 或 C 不应小于 6mm。连通管直径 ϕ 为 4~10mm。在环室上钻孔取压的优点是便于测出平均差压而提高测量准确度，但其加工制造和安装要求严格。所以，在现场使用时为了加工和安装方便，有时不用环室而用单独钻孔取压。对于大口径管道（$D \geqslant 400$mm）通常只采用单独钻孔取压。

（2）法兰取压装置。标准孔板的上、下游两侧均以法兰连接，在法兰中取压，如图 4-7 所示。取压孔的轴线离孔板上、下游端面的距离 S 和 S' 均为 25.4 ± 0.8mm，并必须垂直于管道的轴线。孔径 $b \leq 0.08D$，实际尺寸为 6~12mm。

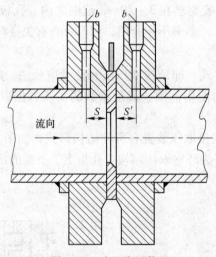

图 4-7　法兰取压装置

C　孔板使用条件的规定

（1）被测介质应充满全部管道截面连续地流动。

（2）管道内的流束（流动状态）应该是稳定的。

（3）被测介质在通过孔板时应不发生相变（例如：液体不发生蒸发，溶解在液体中的气体应不会释放出来），同时是单相存在的。对于成分复杂的介质，只有其性质与单一成分的介质类似时，才能使用。

（4）测量气体（蒸气）流量时所析出的冷凝液或灰尘，或测量液体流量时所析出的气体或沉淀物，既不得聚积在管道中的孔板附近，也不得聚积在连接管内。

（5）在测量能引起孔板堵塞的介质流量时，必须进行定期清洗。

（6）在离开孔板前后两端面 2D 的管道内表面上，没有任何凸出物和肉眼可见的粗糙与不平现象。

对于标准喷嘴和标准文丘里管，这些条件均适用。

孔板因为制造工艺简单，安装方便，成本低，因此被广泛应用，但在使用时特别要注意，尤其是用于测量腐蚀性介质及含有灰尘的介质的流量时，要经常观察测量结果是否准确，防止由于腐蚀和堵塞取压口而造成的测量误差过大，或根本不能测量的现象发生。每年大检修应进行孔板的清洗工作，发现腐蚀严重时，应立即更换新的孔板。

4.1.4.5 差压式流量计流量测量系统

A 差压 - 流量检测系统

差压 - 流量检测系统方框图如图 4 - 8 所示。系统由管道上安装的节流装置（孔板）、取压装置、导压管、差压变送器、开方器、指示记录仪、比例计算器等组成。流体流过时，孔板两端产生的差压 Δp 通过取压装置取出，经导压管（一般采用钢管）分别把 p_1、p_2 引入差压变送器的正、负压室。变送器将 Δp 转换为 4 ~ 20mA DC 电流 $I_{\Delta p}$。这时变送器输出的电流信号只代表被测差压并非流量。因为由流量方程可知，差压电流还要经过开方才能得到与流量呈线性关系的信号电流输出，此信号给动圈表或自动平衡仪表指示或记录流量值。

B 安装要求

流量测量的精度和流量计安装是否符合要求有很大关系，一般要求如下：

（1）安装时必须保证节流件开孔与管道同心，节流件端面与管道轴线垂直。节流件上、下游必须有一定长度的直管段。

（2）导压管尽量按最短距离敷设在 3 ~ 50m 之内，为了不在此管中聚集气体和水分，导压管应垂直安装。安装时其倾斜率不应小于 1:10，导管用直径 10 ~ 12mm 的铜、铝或钢管。

（3）测量液体流量时，最好差压计安装在低于节流装置的位置，如果一定要安装在上方，在连接管路最高点要装带阀门的集气器，在最低点安装带阀门的沉降器，以便排出导管中气体及沉积物，如图 4 - 9 所示。

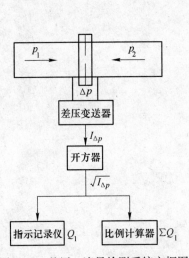

图 4 - 8 差压 - 流量检测系统方框图

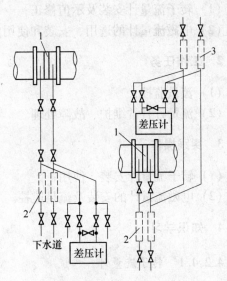

图 4 - 9 测量液体时差压计的安装
1—节流装置；2—沉降器；3—集气器

（4）测量气体流量时，最好差压计安装在高于节流装置的位置处。如一定要装在低处时，在导压管最低处要装置沉降器，以便排出冷凝液及污物，如图 4 - 10 所示。

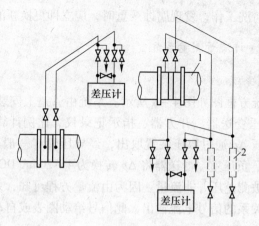

图 4 - 10　测量气体时差压计的安装
1—节流装置；2—沉降器

4.2　任务 2 转子流量计、电磁流量计的使用

4.2.1　学习目标

知识目标：

（1）转子流量计工作原理；

（2）电磁流量计工作原理。

能力目标：

（1）转子流量计安装及示值修正；

（2）电磁流量计的选用、安装和使用。

4.2.2　工作任务

（1）流量监控；

（2）流量计日常维护、故障处理。

4.2.3　实践操作

（1）转子流量计安装、使用；

（2）电磁流量计的安装及流量监控。

4.2.4　知识学习

4.2.4.1　转子流量计

转子流量计是工业上和实验室中最常用的一种测量流量的仪表，它具有结构简单、直观、压力损失小，维护方便等优点。适用于直径 $D < 150\text{mm}$ 管道的流体流量测量。

A　工作原理

转子流量计的结构如图 4 - 11 所示，它由一垂直放置的锥形管以及管内的转子（或称浮子）组成，当流体沿锥形圆管自下而上流过转子时，转子受到流体的冲击力而上升。流体流量越大，转子上升越高。转子上升的高度 h 就代表了流体流量的大小，当流体流量为某一稳定值时，转子就在某一高度上处于平衡状态。转子上升高度 h 与流过流量 Q 的关系，可表示为

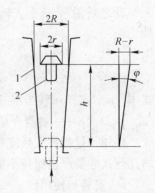

$$Q = f(h) \qquad (4-8)$$

图 4 – 11 转子流量计原理
1—锥形管；2—浮子

Q 与 h 之间并非线性关系，只是由于锥形管夹角 ϕ 很小，可近似看成线性关系。通常在锥形管管壁上直接刻度流量标尺，可直接读出流过流量的大小。

在这里转子可视为一个节流体，在锥形管与转子之间有一个环形通道，转子的升降改变了环形通道的流通面积，从而测定流量。故转子流量计又称为变面积流量计。

转子流量计的转子可用不锈钢、铝、铜或塑料等材料制造，视被测介质的性质和量程大小而不同。按照读数方式的不同，转子流量计分成直读式和远传式两种类型。直读式的锥形管用玻璃制成，流量标尺直接刻度在管壁上，在安装现场就地读取所测流量数值，通称为玻璃转子流量计；远传式的锥形管用不锈钢制造，它可将转子的位移转换成统一标准的电流或气压信号，传送至仪表室，便于集中检测与自动控制。

B 示值修正与安装

a 流量示值修正

转子流量计在制造厂进行刻度时，是用水或空气在标准状态（293.15K、101.325kPa）下进行标定的。在实际使用中，如果被测介质的性质和工作状态（温度和压力）与标定时不同，会产生测量误差，因此，必须对原有流量示值加以修正，或将仪表重新刻度。

（1）液体流量的修正。如果被测介质不是水，只考虑流体密度不同，忽略黏度变化的影响时，修正公式为：

$$Q_L = Q_W \sqrt{\frac{(\rho_S - \rho_L)\rho_W}{(\rho_S - \rho_W)\rho_L}} \qquad (4-9)$$

式中 Q_L，Q_W——被测液体的实际流量和按水标定的流量计示值流量；

ρ_L，ρ_W，ρ_S——被测液体的密度、标定条件下水的密度和转子材料的密度。

（2）气体流量的修正。如果被测气体在工作状态下的密度 ρ_g 与标定条件下的空气密度 ρ_a 不同，也可按式（4–9）修正。但由于 $\rho_a \ll \rho_S$ 和 $\rho_g \ll \rho_S$，故式（4–9）可简化为：

$$Q_g = Q_a \sqrt{\rho_a / \rho_g} \qquad (4-10)$$

式中 Q_g，Q_a——被测气体在工作状态下和空气在标定条件下的体积流量。

工作状态下的各种气体密度热可按下式计算：

$$\rho_g = \rho_0 \frac{p_1 T_0}{p_0 T_1 k} \qquad (4-11)$$

式中 p_0，T_0——标准大气压（101.325kPa）和绝对温度（293.15K）；

p_1，T_1——工作状态下气体的绝对压力和绝对温度；

ρ_0，k——标准状态下的气体密度和气体（工作状态下）的压缩系数。

（3）量程调整。改变转子本身质量，可改变流量计的量程：增加转子质量，量程扩

大；反之则量程缩小。转子改变质量后，流量指示值（流量读数）应乘以修正系数 K，即：

$$K = \sqrt{\frac{\rho'_S - \rho}{\rho_S - \rho}} \qquad (4-12)$$

式中　ρ_S，ρ'_S——转子本身质量改变前与改变后的密度，kg/m^3；

　　　　ρ——被测介质的密度，kg/m^3。

须知，量程扩大后流量计灵敏度降低；反之则灵敏度提高。质量改变前后的转子形状与几何尺寸要严格保持不变，且更换转子后，流量计应重新标定。

　　b　安装与使用

转子流量计希望安装在振动小的地方。同时，锥形管的中心轴要垂直安装；安装时，流量计周围要留有一定的空间，以便于将来的修理和维护。如图4-12所示为水平配管、垂直配管的安装示意图。对于玻璃转子流量计，若被测介质温度高于70℃，应另装保护罩，以防冷水溅于玻璃管上引起炸裂；被测介质的工作压力不应超过流量计的最大允许压力范围。

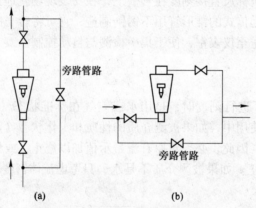

图4-12　转子流量计的安装
(a) 垂直配管；(b) 水平配管

使用转子流量计时，流量计的正常流量值最好选在仪表的上限刻度的 $1/3 \sim 2/3$ 范围内，这样可得到较高的测量精度；开启仪表前的阀门时，不可一下用力过猛、过急；转子对玷污比较敏感，应定期清洗。

4.2.4.2　电磁流量计

在冶金生产过程中，有些液体具有导电性，故可以采用电磁感应的方法来测量其流量，根据电磁感应原理制成的电磁流量计能够测量酸、碱、盐溶液以及矿浆和水等的流量。

电磁流量计是由电磁流量变送器和转换器两部分组成，如图4-13所示。

被测液体的流量经变送器变换成感应电势 E_x，再经变换器将感应电势转换成 $0 \sim 10mA\ DC$ 或 $4 \sim 20mA\ DC$ 的统一标准信号输出，以便进行流量的指示、记录，或与调节器配合使用，进行流量的自动控制。

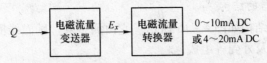

图4-13 电磁流量计组成框图

A 工作原理

由电磁感应定律可知，导体在磁场中运动而切割磁力线时，导体中便会有感应电势产生，这就是发电机原理。如图4-14所示，设在均匀磁场中，垂直于磁场方向有一个直径为D的管道。管道由不导磁材料制成，内表面衬挂绝缘衬里。当导电的液体在管道中流动时，导电液体切割磁力线，因而，在和磁场及流动方向垂直的方向上产生感应电动势。

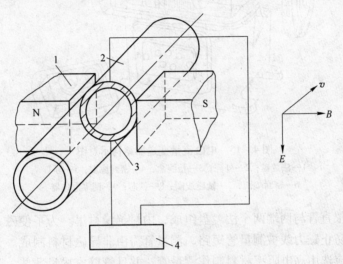

图4-14 电磁流量计原理图
1—磁极；2—导管；3—电极；4—仪表

此感应电动势的方向可以由右手定则判断。如安装一对电极，则电极间产生和流速成比例的电位差

$$E_x = BDv \tag{4-13}$$

式中　E_x——感应电动势，V；

　　　B——磁感应强度，T；

　　　D——管道直径，即垂直切割磁力线的导体长度，m；

　　　v——液体在管道内平均流速，m/s。

体积流量$Q(\mathrm{m^3/S})$与流速v的关系为

$$Q = \pi D^2 v/4 \tag{4-14}$$

综合式（4-13）和式（4-14）得

$$E_x = \frac{4B}{\pi D}Q = KQ \tag{4-15}$$

式中，$K = 4B/\pi D$称为仪表常数，在管道直径D已确定并维持磁感应强度B不变时，K就是一个常数。这时感应电势则与体积流量呈线性关系。

B　电磁流量变送器的结构

电磁流量变送器的结构如图 4 - 15 所示。它由测量管、励磁线圈和磁轭、电极、干扰信号调整机构、接线盒及外壳等组成。

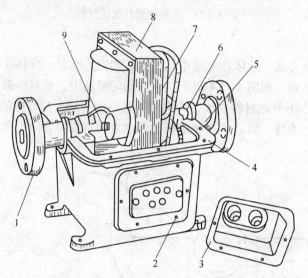

图 4 - 15　电磁流量变送器结构示意图

1—法兰盘；2—外壳；3—接线盒；4—密封橡皮；5—导管
6—密封垫圈；7—励磁线圈；8—铁芯；9—调零电位器

测量管由一根直管与两端两个法兰盘组成，内衬绝缘衬里。为了使磁力线穿透测量管进入被测介质，防止磁力线被测量管短路，测量管需由非导磁材料制成。为了减少测量管的涡电流，一般应选用高电阻率材料制作测量管，并且管壁应尽量薄些。因此，测量管一般用 1Cr18Ni9Ti 耐酸不锈钢、玻璃钢等制成。

电极一般由非导磁的不锈钢制成，也有用铂、金或镀铂、镀金的不锈钢制成，电极的安装位置宜在管道的水平对称方向，以防止沉淀物堆积在电极上面而影响测量准确度。要求电极与内衬齐平，以便流体通过时不受阻碍。电极与测量管内壁必须绝缘，以防止感应电势被短路。

变送器的磁场，原则上用交流磁场和直流磁场都可以。但是，直流磁场在电极上产生直流电势，可能引起被测液体电解，在电极上产生极化现象，从而破坏了原来的测量条件，因此，工业电磁流量计一般采用交流磁场。关于电磁流量计的转换器，是将流量变送器随流量变化产生的交流毫伏信号，转换为与流量成正比的统一标准电流信号 0 ~ 10mA DC 或 4 ~ 20mA DC，以供流量指示、记录及控制使用，它的转换原理这里不具体讨论。

C　电磁流量计的选用、安装和使用

a　电磁流量计的选用原则

电磁流量计包括变送器和转换器两部分，它的选用主要问题是如何正确选用变送器，转换器只要与之配套使用就行了。应从以下几个方面来考虑变送器的选用问题：

（1）口径与量程的选择。选用变送器时，应首先需要确定它的口径和流量测量范围，或确定变送器测量管内流体的流速范围。根据生产工艺上预计的最大流量值来选择变送器的满量程刻度，并且使用中变送器的常用流量最好能超过满量程的 50%，以期获得较高的测量精度，变送器量程确定后，口径是根据测量管内流体流速与水头损失的关系来确定的，流速以 2～4m/s 为最合适。通常用变送器的口径与管道口径相同或略小些。

（2）工作压力的选择。变送器使用时的压力必须低于规定的工作压力。目前变送器的工作压力规格有：

小于 ϕ50mm 口径的为 157×10^4 Pa；

ϕ80～9000mm 口径的为 980×10^4 Pa；

大于 ϕ1000mm 口径的为 58.9×10^4 Pa。

（3）温度的选择。被测介质的温度不能超过变送器衬里材料的允许温度，介质温度还受到电气绝缘材料、漆包线等耐温性能的限制。国产定型变送器通常工作温度为 5～60℃，有的可达 120℃。要测量高温介质，需选用特殊规格变送器。

（4）衬里材料及电极材料的选择。变送器的衬里材料及电极材料必须根据被测介质的物理化学性质来正确选择，否则变送器由于衬里和电极的腐蚀而很快损坏。因此，必须根据生产工艺过程中具体测量介质的防腐蚀经验，正确地选用变送器的电极和衬里材料。

b　电磁流量计的安装

变送器的安装地点要远离磁源（例如大功率电机、大型变压器等），不能有振动。最好是垂直安装，并且介质流动方向应该是自下而上，这样才能保证变送器测量管内始终充满介质。当不能垂直安装时，也可以水平安装，但要使两电极处于同一水平面上，以防止电极被沉淀玷污和被气泡吸附。水平安装时，变送器安装位置的标高应略低于管道的标高，以保证变送器测量管内充满介质。另外，变送器应安装在干燥通风处，应避免雨淋、阳光直射及环境温度过高。转换器应安装在环境温度为 -10～45℃ 的场合，空气相对湿度不大于 85%，安装地点无强烈震动，周围气相不含腐蚀性气体。它与变送器之间的连接电缆长度一般不宜超过 30m。

c　电磁流量计的使用

电磁流量计在使用过程中，测量管内壁可能积垢，垢层的电阻低，严重时可能使电极短路，表现为流量信号越来越小或突然下降。此外，测量管衬里也可能被腐蚀或磨损，导致出现电极短路现象，造成严重的测量误差，甚至仪表无法继续工作。因此，变送器内必须定期维护清洗，保持测量管内部清洁、电极光亮。

4.2.5　习题

（1）流量测量有哪些方法？

（2）电磁流量计在使用的时候要注意什么问题？

情境 5　物料称量与物位检测

5.1　任务 1 工业常用物料称量

5.1.1　学习目标

知识目标：

（1）电阻应变荷重传感器的工作原理；

（2）工业电子秤的使用方法。

能力目标：

（1）电阻应变荷重传感器的安装、接线；

（2）工业电子秤的熟练使用及故障排除。

5.1.2　工作任务

（1）用自动称量仪表进行物料称量；

（2）电子皮带秤、吊车秤、料斗秤进行物料称量。

5.1.3　实践操作

（1）自动称量仪表安装、调试、输出方式选择；

（2）工业电子秤调试，监测物料质量变化。

5.1.4　知识学习

冶金生产过程所用的各种原料、材料、产品和半成品，种类很多，需要计量准确，因而广泛地采用了电子称量仪表——电子秤。它是通过荷重传感器（又称压头），把物料的质量变换成电信号，输给显示仪表或调节器，实现对物料量的指示、记录和自动控制。它具有结构简单，使用方便，测量准确度高，信号可以远传等优点，适合物料量的自动检测和控制。电子秤按用途不同可分为皮带秤、料斗秤、吊车秤、轨道衡等。它们的基本原理是类似的，只是在结构上和应用方式上有差异。

5.1.4.1　电阻应变式自动称量仪表

电阻应变式称量仪表是利用电阻应变效应，将物料的质量转换成相应的电信号，然后加以测量的仪表，它主要由电阻应变荷重传感器、显示仪表及电源等几部分组成。

A　电阻应变荷重传感器

电阻应变荷重传感器是电子秤中常用的一种称重传感器。它是在弹性体元件上粘贴电阻应变片，配置应变检测电桥组成的。

a 弹性体元件

弹性体元件的形式很多，常用的有膜板式和压缩式，前者多用于称重较小的场合，后者多用于称重较大的场合。压缩式弹性体元件如图5-1所示。

弹性体元件是一变形元件，由于称重频率不高，所以只需要进行强度计算。

弹性体元件的直径主要由称重 W 来决定，弹性体元件的外径为

$$D = 2\sqrt{\frac{W}{\pi[\sigma]}} \qquad (5-1)$$

弹性体元件内径为

$$d = \sqrt{D^2 - \frac{4W}{\pi[\sigma]}} \qquad (5-2)$$

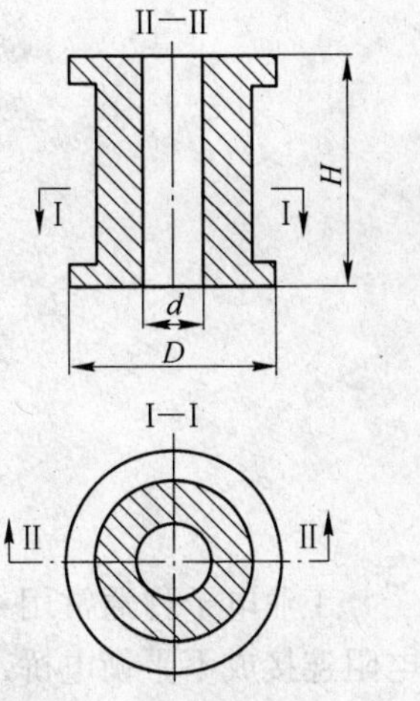

图5-1 压缩式弹性体元件

式中 W——被称物料的质量，kg;

$[\sigma]$——弹性体元件的允许应力。

b 电阻应变片

电阻应变片贴在弹性体元件的内壁与外壁上，它随着弹性体元件的应变而产生应变，其作用是将被称质量转换成电参数变化，以便进一步电测。

电阻应变片的电阻值由下式计算

$$R = \rho\frac{L}{A} \qquad (5-3)$$

式中 ρ——电阻丝材料的电阻率，$\Omega \cdot mm^2/m$;

L——电阻丝的长度，m;

A——电阻丝的截面积，mm^2。

贴在弹性体元件上的电阻应变片随着弹性体元件的应变而产生的应变值为

$$\varepsilon = \frac{\Delta L}{L} \qquad (5-4)$$

应变片电阻变化率为 $\Delta R/R$，与应变片应变值的关系为

$$\frac{\Delta R}{R} = K\frac{\Delta L}{L} = K\varepsilon \qquad (5-5)$$

式中 $\Delta R/R$——应变片电阻变化率;

ε——应变片的应变值;

K——应变片的灵敏度系数。

式（5-5）就是电阻应变片工作的基本原理。

荷重传感器所用的电阻应变片有丝式和箔式两种。常用应变片材料有康铜、镍铬、镍铬铁、铂铱、铂钨等合金以及硅、锗半导体。电阻应变片的形式如图5-2所示。应变片直线段长度 $L = 3 \sim 75mm$，丝栅宽 $S = 0.03 \sim 10mm$。

应变片的初始电阻一般有 $10 \sim 300\Omega$，常用的为 $50 \sim 300\Omega$。

c 应变检测电桥

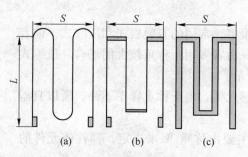

图 5 - 2　电阻应变片形式

（a），（b）丝式；（c）箔式

工业电子秤通常用 4 个（或 8 个）应变片贴在传感器弹性元件上，并将这些应变片的电阻连接成不平衡电桥，感受荷重引起的应力变化。如图 5 - 3（a）是在传感器钢质弹性元件上部成对地纵向和横向粘贴应变片 R_1、R_3 和 R_2、R_4。粘贴片的展开示意图如图 5 - 3（b）所示。

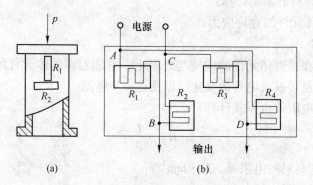

图 5 - 3　称重传感器贴片展开示意图

（a）传感器钢质弹性元件上部的应变片；（b）粘贴片的展开示意图

图 5 - 4 所示是应变片组成的等臂电桥，当荷重传感器不载荷时（$p = 0$），电桥处于平衡状态，则

$$R_1/R_2 = R_4/R_3$$

或

$$R_1 R_3 = R_2 R_4$$

此时电桥输出为零。当荷重传感器受载荷作用时，R_1、R_3 受压缩阻值减小 ΔR，而 R_2、R_4 受拉伸阻值增大 ΔR。则电桥失去平衡，这时

$$(R_1 - \Delta R)(R_3 - \Delta R) \neq (R_2 + \Delta R)(R_4 + \Delta R) \tag{5 - 6}$$

电桥有信号输出，即：

$$\Delta U = K \frac{\Delta R}{R} E \tag{5 - 7}$$

式中　K——比例系数；

　　　E——桥路电源电压。

可以证明，桥路的电源电压 E 一定，桥路输出 ΔU 与被称炉料的料重 W 成正比，它经过放大器后变换成同一电信号，输至显示仪表显示 W 或输至计算机进行控制。综上所述，电阻应变式自动称量仪表的工作过程，可示意如下：

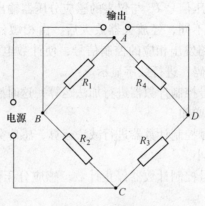

图 5-4 电桥原理图

$$料重\ W \xrightarrow{弹性元件} 应变\ \varepsilon \xrightarrow{电阻应变片} 电阻变化\ \Delta R \xrightarrow{电桥} 电压变化\ \Delta U \xrightarrow{转换器}$$

$$电流变化\ \Delta I(0\sim10\text{mA DC 或 }4\sim20\text{mA DC}) \xrightarrow{电流表或数字表} 料重\ W\ 显示或计算机输入信号$$

B 显示仪表

荷重传感器把非电量的输入（质量）转换成电量输出，通常输出的电压信号很小，不能直接指示，必须经过放大处理，最后显示出被称质量，这就是显示仪表的任务。因此任何一种能测量出微电量的仪表都可以作为显示仪表，如微安表、毫伏变换器、自动电子平衡式仪表、数字式电压表等。只要将仪表的指示值乘上一个比例常数就是质量了。

自动称量仪表所用显示仪表从显示方式上分为模拟式和数字式两种。

（1）模拟式显示仪表。模拟式显示仪表是以指针行程指示质量的，由于指针行程有限，因此精度较低，而且读数有误差，但线路简单。最常用的为电子平衡式仪表，如自动电子电位差计。

（2）数字式显示仪表。指针式仪表虽然比较简单，但精度低，读数不直观。工业生产的发展对测量的要求不断提高，随着电子技术的发展，目前广泛使用数字式显示仪表。

SD-2 型电子秤原理方框图如图 5-5 所示。

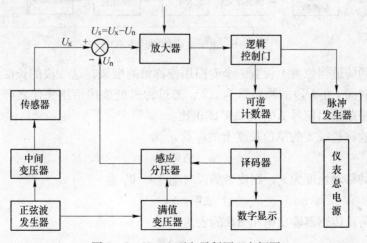

图 5-5 SD-2 型电子秤原理方框图

由传感器送至仪表的电压信号 U_x 与仪表的感应分压器输出的电信号 U_n 进行比较，比较结果表现为相位和幅值的不同，经放大器放大后，由相敏计即可鉴别出 $U_x > U_n$、$U_x < U_n$ 或 $U_x = U_n$，通过逻辑电路发出相应的控制信号，使计数电路进行加或减计算，计算结果由译码器转换成十进制数码，进行数字显示。

当 $U_x > U_n$ 时，控制信号控制计数器进行加法运算，这时感应分压器输出的电压 U_n 不断增加，显示器读数也不断增加。

当 $U_x < U_n$ 时，控制信号控制计数器进行减法运算，感应分压器的输出电压 U_n 不断减小，显示器的读数也不断减小。

当 $U_x = U_n$ 时，控制信号控制计数器停止计数，感应分压器的输出电压 U_n 维持不变，显示器读数也不变。

因为 U_x 值与传感器所受载重成正比，所以在标定时，可以把显示器的读数直接标成质量的数值。

5.1.4.2　工业电子秤的应用

A　电子皮带秤

电子皮带秤是测量皮带运输量的仪表。瞬时输送量、累计输送总量可以产生信号供给控制器以实现上料自动化。电子皮带秤主要由秤架、荷重传感器（压头）、速度变换器、二次仪表组成。如图 5-6 所示。

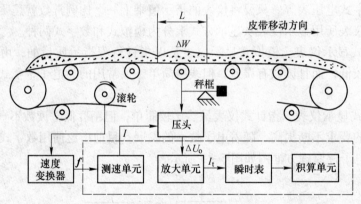

图 5-6　电子皮带秤原理方框图

在皮带中间的适当位置上设置一个专门用作称量的框架，这一段的长度 L 称为有效称量段。某一瞬时间 t 在 L 段的物料量为 ΔW，通过称量框架传给压头使之产生形变。压头上的应变检测桥路输出信号 ΔU_o 与 ΔW 成正比。

设皮带有效称量段 L 的单位长度上的称重 q_t 为

$$q_t = \Delta W / L \tag{5-8}$$

假定皮带的移动速度为 v_t，则皮带的瞬时输送量 W_t 为

$$\Delta W = q_t v_t \tag{5-9}$$

将此式与荷重传感器输出电压 ΔU 的表达式

$$\Delta U = K \frac{\Delta R}{R} E$$

进行比较可知：电量 $\Delta R/R$ 的变化量模拟料重 q_t 的变化，如以桥路的电源电压 E 模拟皮带的传送速度 v_t，则桥路输出电压 ΔU 就代表了物料瞬时输送量 W_t。信号经放大单元放大后，输出代表瞬时输送量的电流 I_t，由模拟仪表指示瞬时输送量，并由计算单元累计输送总量。

关于皮带传送速度 v_t，与桥路的电源电压上的转换过程，如图 5-6 所示，电子皮带秤采用摩擦滚轮带动速度变换器，把正比于皮带传送速度 v_t 的滚轮转速，转变成电频率信号 f，再通过测速单元电路把 f 转换成电流 I，供给应变检测桥路，作为桥路的电源电压 E。这样，检测桥路电源电压 E 是随皮带传送速度变化的，它就代表了皮带的传送速度 v_t。对应桥路输出 $\Delta U_。$ 就代表了物料瞬时的传送量 W_t。

实际生产过程中，影响电子皮带称量运行的因素复杂，采用常规仪表局限性很大。近年来已引进微处理机进行数据处理和称料控制，对提高测量准确度、可靠性以及维护水平具有显著作用。

B 吊车秤

这种秤的传感器是安装在吊钩或者行车的小车上，因此，在吊运的过程中，就可直接称量出物体的质量。这种秤适于工厂、仓库、港口等，最大称量从几吨到百吨。吊钩安装式的吊车秤如图 5-7(a) 所示，在起吊后由于重物的转动使传感器受扭力而产生误差。为了克服此扭力，在吊环与吊钩之间加了两个防扭转臂，此转臂对被测质量无影响。扭力的作用将通过吊钩、转臂而作用在吊环上，而传感器与吊环和吊钩之间是螺纹的活连接，所以扭力对传感器的作用就很小了。在安装时必须注意转臂与吊钩、吊环上的连板的配合，上、下限位螺母不能拧得太紧。固定安装式吊车秤如图 5-7(b) 所示，传感器安装在定滑轮适当部位上，结构简单，但行车移动的扭力影响较大，宜在行车稳定后读记所称的质量。

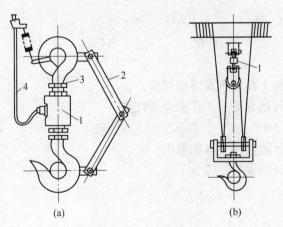

图 5-7 电子吊车秤

(a) 吊钩安装方式；(b) 固定安装方式

1—传感器；2—防扭转臂；3—限位螺母；4—信号电缆

C 料斗秤

图 5-8 所示为电子料斗秤。料斗由 4 个传感器支撑，在安装时要考虑冲击力对传感器的影响，所以要求采取适当的防震措施。也要注意保持料斗位置的稳定，为此安装了四

根限位杆，把料斗拉紧，使料斗在水平方向的移动受到限制。电子汽车秤、轨道衡、台秤等结构与此相似。

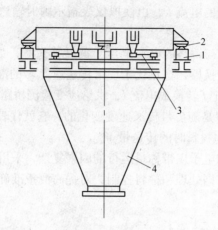

图 5 – 8　电子料斗秤

1—传感器；2—防震垫；3—限位杆；4—料斗

5.1.5　习题

（1）自动称量仪器有哪些，有什么区别？

（2）简述工业电子秤可以进行哪些称量。

5.2　任务 2 液位计的使用

5.2.1　学习目标

知识目标：

（1）浮力式液位计工作原理及适用场合；

（2）差压式液位计的分类、工作原理及特点。

能力目标：

（1）浮力式液位计的使用及数据输出；

（2）差压式液位计的安装、读数。

5.2.2　工作任务

（1）浮力式液位计测量流体液位；

（2）差压式液位计流体、流量监测。

5.2.3　实践操作

（1）浮力式液位计的安装、调试、测量；

（2）普通差压变送器和法兰式差压变送器监控液位变化。

5.2.4 知识学习

在工业生产过程中，常遇到大量的液体物料和固体物料，它们占有一定的体积，堆成一定的高度。把生产过程中塔、罐、槽等容器中存放的液体表面位置称为液位；把料斗、堆场仓库等储存的固体块、颗粒、材料等的堆积高度和表面位置称为料位；两种互不相溶的物质的界面位置称为界位。液位、料位以及界面总称为物位。对物位进行测量的仪表被称为物位检测仪表。

物位测量的主要目的有两个：一是通过物位测量来确定容器中的原料、产品或半成品的数量，以保证连续供应生产中各个环节所需的物料或进行经济核算；另一个是通过物位测量，了解物位是否在规定的范围内，保证生产过程正常进行，保证产品的质量、产量和生产安全。

5.2.4.1 浮力式液位计

浮力式液位计是根据浮在液面上的浮子或浮标随液位的高低而产生上下位移，或浸于液体中的浮桶随液位变化而引起浮力的变化原理而工作的。浮力式液位计有两种：一种是维持浮力不变的液位计，称为恒浮力式液位计，如浮子、浮标式等；另一种是在检测过程中浮力发生变化的，称为变浮力式液位计，如沉筒式液位计等。浮力式液位计结构简单，造价低，维护方便，因此在工业生产中应用广泛。

A 浮力式液位计

恒浮力式液位计如浮子式液位计，它是利用浮子本身的质量和所受的浮力均为定值，浮子始终漂浮在液面上，并跟随液面的变化而变化的原理来测量液位的。

图5-9所示为机械式就地指示的液位计示意图。浮子和液位指针直接用钢带相连，为了平衡浮子的质量，使它能准确跟随液面上下灵活移动，在指针一端还装有平衡锤，当平衡时可用下式表示：

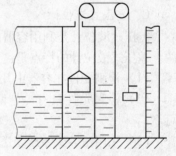

$$G - F = W \qquad (5-10)$$

式中 G——浮子的质量，mg；

F——浮子所受的浮力，N；

W——平衡锤的质量，mg。

图5-9 机械式就地指示液位计

当液位上升时，浮子所受的浮力 F 增大，即 $G - F$ 小于 W，使原有的平衡关系被破坏，平衡锤将通过钢带带动浮子上移；与此同时，浮力 F 将减小，即 $G - F$ 将增大，到 $G - F$ 重新等于 W 时，仪表又恢复了平衡，即浮子已跟随液面上移到了一个新的平衡位置。此时指针即在容器外的刻度尺上指示出变化后的液位。当液位下降时与此相反。式中，G、W 均可视为常数。因此，浮子平衡在任何高度的液面上时，F 的值均不变，所以把这类液位计称为恒浮力式液位计。

B 变浮力式液位计

变浮力式液位计如沉筒式液位计，它的检测元件是沉浸在液体中的沉筒。当液面变化时，沉筒被液体浸没的体积随之变化而受到不同的浮力，通过测量浮力的变化，可以测量液位，如图5-10所示。沉筒1垂直地悬挂在杠杆2的一端，杠杆2的另一端与扭力管3、芯轴 4 的一端垂直地固定在一起，并由固定在外壳上的支点所支撑；芯轴的另一端为自由端，用来输出角位移。

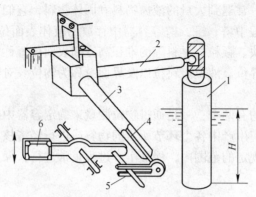

图 5 - 10　沉筒式液位计

1—沉筒；2—杠杆；3—扭力管；4—芯轴；5—推杆；6—霍尔元件

浮力的测量是通过扭力管来实现的。当液位低于沉筒时，沉筒的全部质量作用在杠杆上，因而作用在扭力管上的扭力矩最大，扭力管带动芯轴扭转的角度最大（朝顺时针方向），这一位置就是零液位。当液面高于沉筒下端时，作用在杠杆的力为沉筒重量与其所受浮力之差，因此，随着液位升高，浮力增大而扭力矩逐渐减小，扭力管所产生的扭角也相应减小（朝逆时针方向转回一个角度）。在液位最高时，扭角最小，即转回的角度越大。这样就把液位变化转换成芯轴的角位移，再经推杆带动霍尔元件在磁场中做近似直线的位移（从下朝上），从而把液位的变化转换为相应的电动势信号输出。输出的电动势经调制、放大后变换为 4 ~ 20mA DC 标准统一信号，作为液位的记录或控制信号。

C　差压式液位计

差压式液位计是利用容器内的液位变化时，液柱产生的静压也相应变化的原理而工作的。差压式液位计的特点是：

（1）检测元件在容器中几乎不占空间，只需在容器壁上开一个或两个孔即可。

（2）检测元件只有一、两根导压管，结构简单，安装方便，便于操作维护，工作可靠。

（3）采用法兰式差压变送器可以解决高黏度、易凝固、易结晶、腐蚀性、含有悬浮介质的液位测量问题。

a　用普通差压变送器测量液位

敞口容器的液位检测如图 5 - 11 所示。差压变送器（DDZ - Ⅲ型）的高压室与容器的下部取压点相连，低压室则与液位上部的空间即当地的大气压相连。差压变送器安装的位置较最低液位低 h_1，并低于容器底 h_2，需要检测的液位为 H。这时压差计两侧的压力分别为：

$$p_1 = H\rho g + (h_1 + h_2)\rho g$$
$$p_2 = 0$$

因此，压差为：

$$\Delta p = p_1 - p_2 = H\rho g + (h_1 + h_2)\rho g = H\rho g + Z_0 \tag{5-11}$$

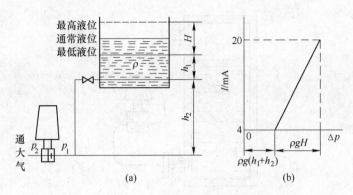

图 5 – 11   敞口容器液位测量

（a）差压变送器的安装；（b）零点正迁移坐标图

由式（5 – 11）可见，当液位 $H = 0$ 即最低液位时，$\Delta p = Z_0$，变送器就有一个与 Z_0 相应的电流信号输出。由于 Z_0 的存在，变送器输出信号不能正确反映液位的高低。变送器正常使用要求是，当液位从零变化到最高位置时，变送器输出电流对应为 4 ~ 20mA DC。因此，必须设法抵消 Z_0 的影响。当差压变送器安装位置固定后，Z_0 便是一个固定值，这时可将变送器的零点沿 Δp 的坐标正方向迁移一个相应的位置，如图 5 – 11(b) 所示。采取的办法是，调整变送器内部设置的零点迁移弹簧，改变弹簧的张力来抵消 Z_0 的作用力，这称为零点正迁移，从而使变送器可满足正常使用的要求。例如，按图 5 – 11(a) 所示安装一台 DDZ – Ⅲ型差压变送器，测量敞口容器的液位，设该变送器测量上、下限范围为 0 ~ 4.905kPa(相当 0 ~ 500mmH$_2$O)，即量程为 4.905kPa，输出信号为 4 ~ 20mA DC。设 $Z_0 = 1.962$kPa(相当于 200mmH$_2$O)，如果不进行零点迁移，则当液位 $H = 0$ 时，$\Delta p = 1.962$kPa，变送器的输出信号必大于 4mA DC；当液位 $H = H_{max}$ 时，$\Delta p = 4.905 + 1.962 = 6.867$kPa，超过变送器的测量上限，输出信号大于 20mA DC。这种情况不符合变送器正常使用要求。因此，必须将变送器的零点正向迁移到 Z_0 的位置，使变送器的输出信号与液位之间保持正常关系。这时，变送器测量范围的下限改变为 1.962kPa，上限改变为 6.867kPa，但量程仍是 4.905kPa，输出信号仍是 4 ~ 20mA DC。可见，零点迁移的实质是同时改变差压变送器的上限与下限（即测量范围），即相当于把测量上、下限的坐标同时平移一个位置，而不改变量程的大小，以适应现场安装变送器的条件。

由于差压变送器安装位置的不同，零点迁移除上述正迁移外，还有需进行负迁移的正负迁移的基本原理相同。

b   用法兰式差压变送器测量液位

用普通差压变送器测量液位时，容器内的液体用导压管接到差压变送器的正压室，要求液体是清洁的。有腐蚀性、含固体颗粒、易结晶、易沉淀或黏度大的液体，容易堵塞导压管，此时应采用法兰式压差变送器。这种变送器通过法兰与容器内的液体接触，如图 5 – 12 所示。法兰测头是一个不锈钢膜盒，膜盒内充以硅油，用毛细管引到差压变送器的测量室。显然，差压变送器借法兰与被测液体隔离，法兰与液体接触端面受到的压力作用于膜盒，通过膜盒毛细管内的硅油将压力传递到差压变送器的正负测量室内，从而测出液体的液位。法兰测头的结构形式分为平法兰和插入式法兰两种，如图 5 – 12 所示。

使用差压计测量液位时，注意两个问题：

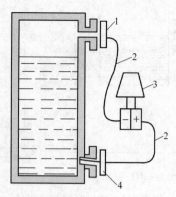

图 5 - 12　法兰式差压变送器测量液位示意图
1—平法兰测头；2—毛细管；3—差压变送器；4—插入式法兰测头

（1）遇到含有杂质、结晶、凝聚或自聚的被测介质，用普通的差压变送器可能引起连接管线的堵塞，此时需要法兰式差压变送器。

（2）当差压变送器与容器之间安装隔离罐时，需要进行零点迁移。

5.3　任务 3 电容式物位计使用

5.3.1　学习目标

知识目标：

（1）电容式物位计检测原理；

（2）电容物位传感器。

能力目标：

（1）不同使用场合选择合适的电容物位传感器；

（2）使用物位传感器进行液体位置测量。

5.3.2　工作任务

（1）液位监控；

（2）液位变化时分析原因及故障处理。

5.3.3　实践操作

（1）导电液体电容传感器选择、安装及液位测量；

（2）非导电液体电容传感器选择、安装及液位检测。

5.3.4　知识学习

5.3.4.1　电容式物位计的检测原理

在平板电容器之间，充以不同的介质时，电容量大小就有所不同，因此可通过测量电容量变化的办法来测定液位、料位或不同液体的分界面。

电容物位传感器大多是圆形电极，是一个同轴的圆筒形电容器，如图 5 – 13 所示。电极 1、2 之间充以被测介质。圆筒形电容器的电容量 C 为：

$$C = \frac{2\pi\varepsilon L}{\ln(D/d)} \tag{5 - 12}$$

式中　L——两极板间互相遮蔽部分的长度，mm；

d, D——内、外电极的直径，mm；

ε——极板间介质的介电系数，$\varepsilon = \varepsilon_0 \varepsilon_r$。

其中，$\varepsilon_0 = 8.84 \times 10^{-12}$F/m，为真空（或干空气）近似的介电系数，$\varepsilon_r$ 为介质的相对介电系数。水的 $\varepsilon_r = 80$，石油的 $\varepsilon_r = 2 \sim 3$，聚四氟乙烯塑料的 $\varepsilon_r = 1.8 \sim 2.2$ 等。

所以当 D 和 d 一定时，电容量 C 的大小与极板的长度 L 和介质的介电系数的乘积成正比。这样，将电容传感器插入被测介质中，电极浸入介质中的深度随物位高低而变化，电极间介质的升降，必然会改变两极板间的电容量，从而可测出液位。

5.3.4.2　电容物位传感器

电容传感器（又称为探头）视用途不同，形式是多种多样的，归纳起来可以分为导电液体、非导电液体及固体粉状料三种不同用途的传感器。

A　导电液体用电容传感器

水、酸、碱、盐及各种水溶液都是导电介质，需应用绝缘电容传感器。如图 5 – 14 所示。一般用直径为 d 的不锈钢或紫铜棒做电极 1，外套聚四氟乙烯塑料绝缘管或涂以搪瓷绝缘层 2。电容传感器插在容器（直径为 D_0）内的液体中，当容器中的液体放空，液位为零时，电容传感器的内电极与容器壁之间构成的电容，为传感器的起始电容 C_0：

$$C_0 = \frac{2\pi\varepsilon_0' L}{\ln \dfrac{D_0}{d}} \tag{5 - 13}$$

式中　ε_0'——电极绝缘套管和容器内的空气介质共同组成的电容的等效介电系数。

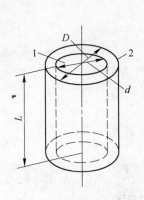

图 5 – 13　圆筒形电容器

1—内电极；2—外电极

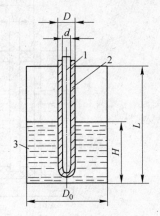

图 5 – 14　导电液体液位测量

1—内电极；2—绝缘套管；3—容器

当液位高度为 H 时，导电液体相当于电容器的另一极板。在 H 高度上，外电极的直径变为 D（绝缘管直径），内电极直径为 d，于是，电容传感器的电容量 C 为：

$$C = \frac{2\pi\varepsilon H}{\ln\dfrac{D}{d}} + \frac{2\pi\varepsilon_0'(L - H)}{\ln\dfrac{D_0}{d}} \tag{5-14}$$

式中　ε——绝缘导管或陶瓷涂层的介电系数。

式（5-14）与式（5-13）相减，便得到液位高度为 H 的电容变化量 C_x

$$C_x = C - C_0 = \frac{2\pi\varepsilon H}{\ln\dfrac{D}{d}} + \frac{2\pi\varepsilon_0' H}{\ln\dfrac{D_0}{d}} \tag{5-15}$$

由于 $D_0 \gg d$，通常，$\varepsilon_0' < \varepsilon$，则上式 $\dfrac{2\pi\varepsilon_0' H}{\ln\dfrac{D_0}{d}}$ 一项可以忽略，于是可得电容变化量为：

$$C_x = \frac{2\pi\varepsilon H}{\ln\dfrac{D}{d}} = SH \tag{5-16}$$

式中　S——传感器的灵敏系数，$S = \dfrac{2\pi\varepsilon H}{\ln\dfrac{D_0}{d}}$。

实际上对于一个具体传感器，D、d 和 ε 是基本不变的，故测量电容变化量可知道液位的高低。D 和 d 越接近，ε 越大，传感器灵敏度越高。如果 ε 和 ε_0' 在测量过程中变化，则会使测量结果产生附加误差。

应当指出，液体黏滞性大时，会黏在电极上，严重影响测量准确度。因此这种电容传感器不适于黏度较高或者黏附力强的液体。

B　非导电液体用电容传感器

非导电液体，不要求电极表面绝缘，可以用裸电极作为内电极，外套以开有液体流通孔的金属外电极，通过绝缘环装配成电容传感器，如图 5-15 所示。

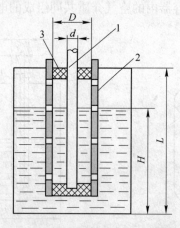

图 5-15　非导电液体液位测量图
1—内电极；2—外电极；3—绝缘体

当液位为零时，传感器的内外电极构成一个电容器，极板间的介质是空气，这时的电容量为 C_0：

$$C_0 = \frac{2\pi\varepsilon_0 L}{\ln\dfrac{D}{d}} \tag{5-17}$$

式中　d——内电极的外径，mm；

　　　D——外电极的内径，mm；

　　　ε_0——空气的介电系数。

随着液位的上升，电极的一部分被介质淹没。设液体相对介电系数为 ε_r，则传感器电容量 C 为：

$$C = \frac{2\pi\varepsilon_0\varepsilon_r H}{\ln\dfrac{D}{d}} + \frac{2\pi\varepsilon_0(L-H)}{\ln\dfrac{D_0}{d}} \tag{5-18}$$

式（5-18）与式（5-17）相减，得传感器的电容变化量 C_x 为：

$$C_x = \frac{2\pi\varepsilon_0(\varepsilon_r-1)}{\ln\dfrac{D}{d}}H = S'H \tag{5-19}$$

式中　S'——传感器的灵敏度系数。

由于 D、d、ε_0、ε_r 对于一个传感器而言是一定的，因此测定电容变化量 C_x，即可测定液位 H。

C　粉状物料用电容传感器

在测量粉状非导电介质（如干燥水泥、粮食等）的料位时，上述套筒式传感器（图 5-15）就不适用，因为粉料黏性大，填充不进套筒里去，此时可采用裸电极。电容式料位计原理如图 5-16 所示。图 5-16(a) 中金属电极插入容器中央作为内电极，金属容器壁作为外电极，粉料作为绝缘介质。如电容器为圆筒形，电容变化量可用式（5-18）计算。图 5-16(b) 是测量钢筋水泥料仓的料位。钢丝绳悬在料仓中央，与仓壁中的钢筋构成电容器，粉料作为绝缘介质，电极对地也应绝缘。

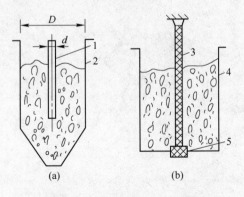

图 5-16　电容式料位计原理

(a) 测量金属料仓的料位；(b) 测量水泥料仓的料位

1—金属内电极；2—金属容器壁电极；3—钢丝绳内电极；4—钢筋；5—绝缘体

电容传感器的电容变化量，经由电容物料转换器变换成 0~10mA DC 或 4~20mA

DC 统一标准信号输出，便于与记录仪和调节器配合使用，实现物位的指示记录和自动控制。

5.3.5　习题

（1）液位和物位测量的方法有哪些，各有什么特点？

（2）电容式物位计为什么能进行物位测量？

情境 6 轧件尺寸测量

6.1 任务 1 轧件宽度测量

6.1.1 学习目标

知识目标：

（1）光电测宽仪的测量方法；

（2）线型 CCD 测宽仪；

（3）CCD 单元结构。

能力目标：

（1）光电测宽仪的使用；

（2）CCD 测宽仪的安装、调试。

6.1.2 工作任务

（1）光电测宽仪的使用；

（2）用 CCD 测宽仪进行板材宽度尺寸的测量。

6.1.3 实践操作

（1）光电测宽仪的安装；

（2）光电测宽仪测量板材宽度；

（3）CCD 传感器的安装、测试；

（4）测宽仪的故障排除。

6.1.4 知识学习

现代化的轧制生产过程中，轧件尺寸的在线测量不仅关系到产品质量，也关系到技术经济指标的提高。例如，有了自动测厚和自动测宽，就能提高板带生产的成品率，并为厚度和宽度自动控制创造条件。因此，轧件尺寸测量已成为一项重要的工艺参数测量。

6.1.4.1 板带宽度测量

板带宽度是一个重要几何参数。为了测量板带宽度，通常是在带钢连轧机组和精轧机组的末架轧机出口测安装光电测宽仪。它通过光学系统对运动着的带钢宽度和带钢对于工作辊的横向位移进行非接触、连续地测量，并指示和记录其偏差值，同时向计算机送出测量信号。

板带测宽仪，依据使用的检测介质（光、超声波）和检测装置进行分类。依据使用的车间，也可对测宽仪进行分类。例如，热轧带钢车间使用光电测宽仪，冷轧车间使用伺服式冷轧测宽仪和 CCD 测宽仪。广义说来，冷轧伺服式测宽仪也包含在光电测宽仪中。

　　A　光电测宽仪

　　光电测宽仪有两种，一种是带钢温度较高（约 900° 以上）的情况。如粗轧时，使用在长波区域具有光谱灵敏度的光电倍增管，直接利用从被测物体射来的红外线进行宽度测量。另一种是带钢温度较低的情况。如精轧时，因带钢薄，其边缘附近的稳定显著下降，则放置光源，由带钢的影子来测量。

　　采用计算机控制的轧机光电测宽仪的原理，如图 6 - 1 所示。在检测部分有用来扫描带钢边缘部分的像，以测定宽度变化的两个扫描器。两个扫描器的中心放在轧机的中心线上。用电动机正反转动带动紧密的正反扣丝杠，是扫描器从中心向相反方向移动，以此来调整两个扫描器之间的距离。扫描器之间的距离用自整角机发出信号，宽度的给定值在指示仪上可表示出来。

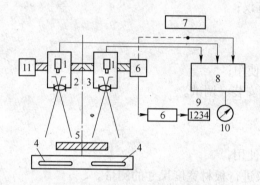

图 6 - 1　光电测宽仪的原理

1—光电管；2—左侧扫描器；3—右侧扫描器；4—下部光源；5—带钢；6—自整角机；
7—标准宽度给定；8—测定部分；9—宽度指示仪；10—偏差指示仪；11—电动机

　　在扫描器中装有透镜、转动窄缝机构、光电倍增管、前置放大器、校正零点用的内部校正器。其工作原理如图 6 - 2 所示。测量时先把两个扫描器之间的距离按带钢的规格来给定。把带钢的边缘部分的像，用透镜聚焦在窄缝机构的窄缝通过面上。在精轧时大多用下部光源，从带钢的下面照射上来，在成像面上得到一个在光亮背景上的被测物暗影像。由于带钢的宽度变化，使成像面上的明暗的边界移动。而圆筒形的窄缝面开有很多很细的窄缝，此圆筒做恒速转动。当窄缝落在带钢像的明区时，将有光线通过窄缝到达光电倍增管，使其有一个大的光电流 I_1 产生。反之，当窄缝落在带钢的暗区时，没有光线通过窄缝，使光点倍增管输出极小的暗电流 I_0。因此，当窄缝做恒速转动时，在光电倍增管上将获得一个矩形的脉冲波，如图 6 - 3 所示。这样，在带钢宽度变化时，明暗区的界限要移动，即当带钢变窄时，明区变大，暗区变小。光电倍增管的输出矩形波的宽度的变化，就反映了带钢的宽度变化。

　　从两个扫描器获得的矩形脉冲波信号，送入控制器，首先将两侧所获得的脉冲宽度信号分别变为直流电压信号。其方法是将矩形脉冲放大，整形，再把脉冲宽度变成脉冲幅值，用峰值检波器再变成直流电压送出。然后，一方面用加法器把两侧获得的直流电压相加，当被测带钢的宽度等于给定值时，加法器输出为零。表示带钢的宽度与给定值的偏差

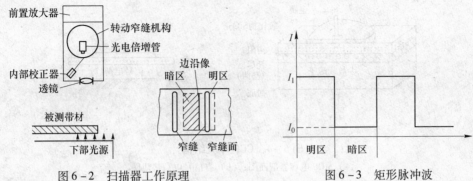

图 6-2 扫描器工作原理　　　　图 6-3 矩形脉冲波

值为零。若此时发生横向平移，则一侧的扫描器的像的明区加大，而另一侧的暗区加大。因此加法器相加后相互抵消，而使偏差值输出电压不变。

在控制器中还没有减法器，把两侧的扫描器所获得的电压相减，其差值是反映了带钢中心线与轧机中心线之间的横向平移量的大小。如果带钢中心线与轧机中心线不重合，两侧的扫描器将有不相等的输出电压，则相减的结果为零。此时输出的信号称为横向平移量，用指示仪表的"＋""－"来表示带钢的平移方向。

在精轧时要采用下部光源照好，下部光源由两只 2kW 的棒状灯泡组成，用耐热玻璃将其密封，在中间通过干净的空气进行空冷。在测量时，下部光源在轧机辊道的下面从被测物的下面照射，这时从下部光源旁边安装的冷却水管道中喷出高压水来清洗污垢。

B　线型 CCD 测宽仪

线型 CCD 测宽仪与光电测宽仪的原理相同，但 CCD 图像传感器本身是线状分布。因此与光电测宽仪相比，该传感器的特点是不使用移动机械。

a　CCD 图像传感器

CCD 图像传感器是一种大规模集成电路光电器件，又称为电荷耦合器件，简称 CCD 器件。CCD 是在 MOS（Metal – Oxide – Semiconductor 金属 – 氧化物 – 半导体）集成电路技术基础上发展起来的新型半导体传感器。由于 CCD 图像传感器具有光电信号转换、信息存储、转移、输出、处理以及电子快门等一系列功能，而且具有尺寸小，工作电压低、寿命长、坚固耐冲击以及电子自扫描等优点，促进了各种视频装置的普及和微型化。目前的应用已遍及航天、遥感、工业、天文、通讯等军用及民用领域。

CCD 是一种高性能光电图像传感器件，由若干个电荷耦合单元组成，其基本单元是 MOS 电容器结构，如图 6-4 所示，它是以 P 型半导体为衬底，在其上覆盖一定厚度的 SiO_2 层，再在 SiO_2 表面依一定次序沉积一层金属电极而构成 MOS 的电容式转移器件。人们把这样一个 MOS 结构称为光敏元或一个像素。根据不同应用要求将 MOS 阵列加上输入、输出结构就构成了 CCD 器件。

b　板材宽度尺寸测量实例

板材宽度尺寸很大，可用图 6-5 所示的办法，由两套光学成像系统和两个 CCD 器件，分别对被测板材两边进行测量，然后算出尺寸。图 6-5(a) 以连轧钢板的宽度测量为例，在被测板带材左右边缘下方设置光源，经过各自的透镜将边缘部分成像在各自的 CCD 器件上，两器件间的距离是固定。设两个 CCD 的像素数都是 N_0，由于两个 CCD 相距

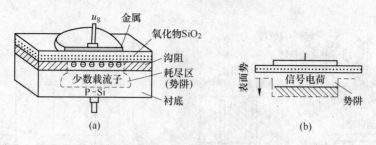

图 6 - 4　CCD 单元结构

（a）MOS 电容器剖面图；（b）有信号电荷势阱图

较远，其间必有一范围 L_3 是两个 CCD 都监视不到的盲区。不过这个盲区 L_3 的数值是已知的，安装光学系统之后就被确定下来不再改变，与 L_3 对应的等效像素数 N_3 也就已知并且确定了。在扫描过程结束后，CCD_1 输出的脉冲数是 N_1，CCD_2 输出的脉冲数是 N_2，如图 6 - 5（b）所示。其中 CCD_1 测出的是被测板材的一部分尺寸，即 L_1。

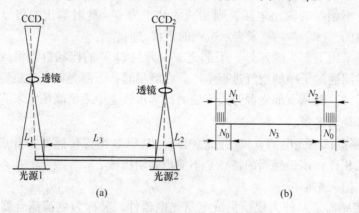

图 6 - 5　板材宽度测定示意图

（a）CCD 光路图；（b）CCD 输出脉冲

6.2　任务 2 板带厚度测量

6.2.1　学习目标

知识目标：

（1）依据不同条件选择测厚方法；

（2）穿透式测厚仪原理；

（3）反射式测厚仪测量方法。

能力目标：

（1）穿透式测厚仪的不同测量方法；

（2）反射式测厚仪的使用；

（3）依据实际测量的不同选择厚度检测方法。

6.2.2 工作任务

（1）用穿透式测厚仪的直接测量法、比较测量法和补偿测量法进行厚度测量；

（2）射线厚度仪的选择及使用。

6.2.3 实践操作

（1）穿透式测厚仪的安装、调试及测量数据输出；

（2）射线测厚仪的选择、安装。

6.2.4 知识学习

6.2.4.1 轧件测厚分类

A 轧件测厚分类

在现代化轧制生产中，带材厚度的精度控制是保证产品质量的重要途径。要对产品厚度进行控制，首先就要精确地和连续地测量出带材的厚度。

厚度测量有间接测厚和直接测厚两种方式。

间接测厚能立即测出金属变形区的板带厚度，以及控制工作辊的开口度。当轧制过程中出现偏差时，在几毫秒的时间内就可给予纠正，而且厚度偏差可保持几微米之内。间接测厚的方法有：工作辊开口度测量法、轧制力测量法、轴承座位移测量法和轧辊位移测量法等。

直接测厚其测点距离金属变形区较远，调节的延迟时间较长，容易造成厚度超差；但使用上比较方便。直接测厚按测量头与被测材料之间的关系，可分为接触式测厚仪和非接触式测厚仪。

对于在常温下低速轧制的带材，通过采用接触式连续测厚仪，它由某种机械式测微器的测头和电气回路组成。这种电气回路用来使厚度与给定厚度的微小差异通过电磁感应进行转换放大而且在电气指示仪上显示出来。测头上有两个自由旋转的上下滚子，在能够上下移动的上滚部分装有机械式测微器。上下滚的间隙由回转手柄进行调整，它的数值在计数器上显示。如果进来的数值和给定的厚度有差异，上滚动作，测微器的测量杆也移动同样距离，并改变联动电磁线圈的间隙，通过电气回路把它变换为自感量加以检测，而取得相对标准量的偏差量。

在自动化程度比较高的连轧机上，因为各种类型的接触式测厚仪的动态响应差、机械磨损大，所以不能满足生产要求。因此，近年来，普遍采用适应高速轧机需要的、高精度的非接触式测厚仪表。实践证明，这些非接触式的测厚仪能够较好地解决轧制时的成品厚度超差问题，并且可以不断地通过提高轧机的轧制速度来进一步挖掘轧机的生产能力。

非接触式测厚仪的种类很多，目前，在轧制生产中比较常用和成熟的是核辐射线测厚仪和 X 射线测厚仪，它们统称为射线测厚仪。此外还有：激光测厚仪、微波测厚仪、涡流测厚仪、光学测厚仪、气动测厚仪以及红外线测厚仪等。这些测厚仪不少还处在试验研究阶段。

射线测厚仪是利用射线与物质相互作用时，为物质所吸收或散射的效应来进行测量的一种仪表。其主要特点：

(1) 可进行连续和不连续地测量；

(2) 测量精度较高；

(3) 反应速度较快；

(4) 能够给出供显示、记录与控制的电信号，易于实现生产自动化。

B　射线测厚仪

射线测厚仪按射线源的种类可分为 X 射线测厚仪与核辐射线测厚仪两类，而后者又可分为 γ 射线测厚仪与 β 射线测厚仪。按射线与被测板材的作用方式，又可分为穿透式和反射式。

a　穿透式测厚仪

穿透式测厚仪的射线源和检测器分别置于被测带材的上、下方，其工作原理如图 6 - 6 所示。当射线穿过被测材料时，一部分射线被材料吸收；另一部分则透过被测材料进入检测器，为检测器所接收。

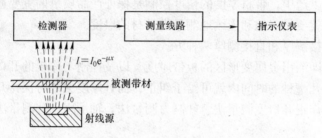

图 6 - 6　穿透式测厚仪

对于窄束入射射线，在其穿透被测材料以后，射线强度的衰减规律，可用下式表示：

$$I = I_0 e^{-\mu x} \tag{6-1}$$

式中　I_0——入射射线强度；

　　　I——穿过被测材料后的射线强度；

　　　μ——吸收系数；

　　　x——被测材料的几何厚度。

当 I_0 和 μ 一定时，则 I 仅仅是 x 的函数。所以，如果测出 I 就可以知道厚度 x 值。但是由于被测材料不同，对于相同厚度的材料，其吸收能力也不相同。为此要利用不同检测器来检测穿透过来的射线，将其转换为电流量，经过检测后用专用仪表表示。

按检测器对射线源的测量方法的不同，穿透式测厚仪可以分为直接测量、比较测量和补偿测量三种情况。

(1) 直接测量。直接测量是穿透式测厚仪中最简单的一种方法，由检测器检测出来的信号，通过测量线路进行放大、变换与运算之后，再显示出来。

这种测量方法的优点是结构简单、统计误差小。缺点是射线源与检测器系统的变化都会影响仪表的测量精度。

(2) 比较测量。比较测量法比直接测量法要复杂些，其测量原理如图 6 - 7 所示。它需要有两个检测器：测量用检测器用于测量由射线源通过被测带材吸收以后剩余的射线强度，比较用检测器则是测量由射线源通过补偿楔吸收以后而剩余的射线强度。补偿楔为一厚度不等的斜面椎体,当被测带材的厚度变化时,则应相应地改变补偿楔的位置,使射线通过补偿楔的变化与通过被测带材的变化相同。这种测量用检测器和比较用的检测器所测得的信号相等,符号相反,这样就使得测量线路处于平衡状态。因此,这种测量法和直接测量相比,可以消除或减弱放射源不稳定和两路检测系统共同不稳定因素而引起的零点漂移。缺点是两路检测系统的特性变化不同将会引起误差;射线源的不稳定虽对零点漂移影响不大,但会带来仪表灵敏度的变化,增大统计误差。

(3)补偿测量。补偿测量与比较测量不同的地方是又增加一个射线源,称为辅助射线源。补偿测量原理如图6-8所示。主射线源的射线强度通过被测带材吸收以后,为测量用检测器进行测量;辅助射线源的射线强度则通过补偿楔或基准板,由补偿用检测器进行测量。通过改变补偿楔的位置而使得两个检测器所得到的检测信号大小相等,符号相反,从而使测量系统处于平衡状态。基准板作为校准或标定仪表时使用。

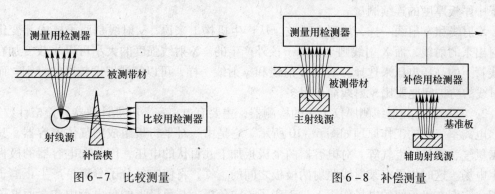

图6-7 比较测量　　　　　　　　图6-8 补偿测量

补偿测量法的优点,是能够消除或减弱由于放射性同位素源的衰减及外界环境使检测器和测量系统灵敏度发生变化而引起的零点漂移。其缺点是各种不稳定因素虽不影响零点漂移,但却会给仪表的灵敏度带来变化,其统计误差也较大。

b　反射式测厚仪

反射式测厚仪的射线源和检测器置于被测材料的同一方向,其工作原理如图6-9所示。当射线与被测物质相互作用,使得其中的一部分射线被反向散射而折回,并进入检测器。射入检测器的反向散射射线强度,与射线源能量及其强度、放射源至被测物质之间的距离、被测物质的成分、厚度、密度以及表面状态等因素有关。因此,当其他量确定不变时,检测到的发射线强度就仅与厚度有关。

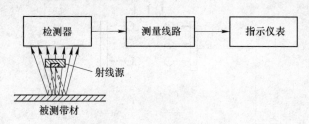

图6-9 反射式测厚仪

这种检测方法适用于不便于采用穿透式测厚仪的场合,用来进行单面检测材料厚度、覆盖层或涂层的厚度。例如,钢管管壁厚度测量,镀锌线和镀锡线上的镀层厚度检测等,都广泛采用反射式测厚仪。反射式测厚仪有时也称镀层厚度计。

c　射线测厚仪的厚度检测方法

(1) 射线测厚仪的组成。射线测厚仪的主要部分是检测系统中的射线源和检测器，而且射线测厚仪是根据射线源来命名的。

1) 射线源。射线源的选择主要是根据其特性、射线种类和能量以及半衰期，按带材的厚度范围来选择合适的射线种类和能量。

由于射线穿过物质的能力与其种类和能量有关。α 射线能量最弱，几乎穿不透一张纸，所以，在轧制生产上不能作为测厚仪的射线源。β 射线只能穿过厚度为几十微米至一千微米的带钢，故 β 射线测厚仪常用于薄带钢的测量。一般 β 射线源可测到 1.2 ~ 1.5mm 的带钢，如 ^{90}锶及其子体 ^{90}钇的 β 射线可以测量 0.05 ~ 0.8mm 的箔材厚度。而 γ 射线能量较强，可测带钢厚度范围较宽，如 ^{241}镅发射的 γ 射线能量为 $60 \times 10^3 \mathrm{eV}$，可测量 0.1 ~ 3mm 厚的带钢。^{137}铯发射的 γ 射线能量为 $0.661 \times 10^6 \mathrm{eV}$，可测量几毫米至几百毫米厚的钢板，适于中厚板厚度的连续测量。

X 射线和 γ 射线一样，均属电磁波。从产生机构上来说，γ 射线是原子核内部变化后放射出来的射线，而 X 射线则是由原子核外产生的。X 射线强度的大小可以靠改变加在 X 射线管上的高压电压来选择。所以 X 射线和 γ 射线一样，可以测量厚度较厚的带钢，而且 X 射线的防护问题要比 γ 射线简单得多。

2) 检测器。在射线测厚仪上用的检测器，主要有电离室、闪烁计数器和盖格计数管。

电离室。它的工作原理如图 6 – 10 所示。它是由一对平行板组成的气体电容器，其中充满氢气、氩气、空气等。对电容器两个极板加上几百伏的电压，因此在电容器的极板间产生电场。这时如果有某射线照射两极板之间的空气，将使空气分子分离，产生正离子和电子。它们在极板间的电场作用下，正离子趋向负极，与负极上的负电荷中和。而电子趋向正极，与正极上的正电荷中和。由于正负极上的正负电荷被中和，因而正负电荷减少，这时电源上的正负电荷就跑去补充，于是在电阻 R 上出现电流，这个电流称为电离电流。电离电流在电阻 R 上形成电压降。辐射强度越大，产生正离子和电子越多，电离电流越大，R 上的电压降也越大。因此，通过测量电离电流或测出电阻 R 上的电压降，就可以检测出辐射强度。一般来说，电离电流很小，在 R 上产生的电压降也只有几毫伏或更少，因此必须采用专门的电子线路加以放大，才能推动显示仪表和输出控制信号。

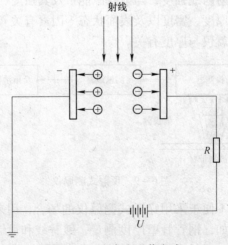

图 6 – 10　电离室工作方式

　　电离室主要用来探测能够使气体电离的带电粒子，例如 α 粒子或 β 粒子。γ 光子是不带电的中性粒子，不能使气体电离，因此电离室不能探测 γ 粒子。目前采用的射线源只有两种，即 β 射线和 γ 射线射线源。电离室主要用于探测 β 粒子。

　　当射线强度不变时，电离电流 i 的大小与极板间外加电压 U 的关系，如图 6 - 11 所示，称为伏安特性曲线。在外加电压不大时，电离电流将随外加电压 U 的增加而增大。这是由于电离作用所产生的正负离子对，有可能结合成中性气体分子，这称为离子的复合。当 U 不大时，两极板之间的电场还不很强时，离子复合的机会相当大，因此到达极板的离子数只占原来所产生离子的一部分。当 U 增大时，离子受电场作用而引起向两极的速度增大，因而复合的机会减少，结果 i 随着 U 的增加而增大。当电压 U 足够大时，所有离子没有机会复合，即都被吸引到两极。由于气体全部电离，所以再增加外加电压 U，i 的值也不再增加，这时 $i = ne$，称为饱和电离电流。这里 e 为电子电荷，n 为单位时间内辐射在电离室空气中产生离子对的数目。当外加电压再大时，离子走向极板的速度增大，因此碰撞别的分子产生新的离子对，于是电离电流又开始随着外加电压的增加而急剧增大。这时即使移出射线源，电离电流的大小就与射线强度成正比。

　　电离室选择在饱和电压下工作，电离电流的大小就与射线强度成正比。

　　电离室除了空气式外，还有密封充气式，一般充氩气等惰性气体。气压一般稍大于大气压，这有助于增大电离电流。同时密封可以维护内部气压的恒定，减少受外界气压波动而影响电离室的输出。

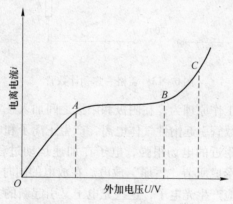

图 6 - 11　伏安特性曲线

　　闪烁计数器。它是由闪烁体、光电倍增管和电子线路组成。其工作原理如图 6 - 12 所示。当射线射到闪烁体时，闪烁体的原子受激发出闪光，它透过闪烁体射到光电倍增管的阴极上，使阴极发出光电子。光电倍增管把这些光电子放大几十万倍后，最后在阳极上形成光电源。它通过电阻 R 后，就在 R 上产生电压降，经过放大器放大后作为信号输出。再通过甄别器、计数器记录下来。每射进一颗粒子，闪烁体就发出一次闪光，R 上就出现一次电压脉冲。因闪烁体发出闪光的时间很短，所以光电倍增管能够把每个闪光分辨出来。在单位时间里，光电倍增管输出的脉冲数与闪烁体的闪光数相对应，因此测出这些脉冲数就可测出射线的强度。

　　闪烁计数器不仅能探测 γ 射线，而且也能探测各种带电和不带电的粒子。它不仅能探测它们的存在，而且能鉴别其能量大小。闪烁计数器与电离室比较，其特点是效率高和分

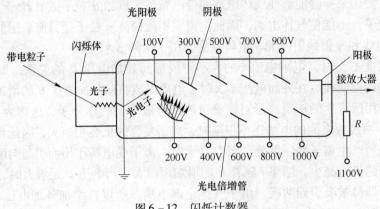

图 6 – 12　闪烁计数器

辨时间短。因此它作为同位素检测器被广泛地用于各种检测仪表中。

盖格 – 弥勒计数管。其构造如图 6 – 13 所示。它有一个圆柱形铜管作为阴极，中间有一根细钨丝作为阳极，阴极和阳极被封在玻璃管内，管子的两头为电极引出端。管内充以惰性气体和少量多原子分子的蒸气。管内压强为 $100 \sim 200mmH_2O$（$1mmH_2O = 9.80665Pa$）。

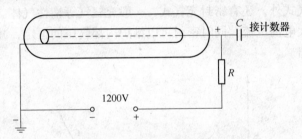

图 6 – 13　盖格 – 弥勒计数管

盖格 – 弥勒计数管的工作原理为，在阴极和阳极之间加入一定电压，则两者之间形成一个电场。当射线穿入计数管引起惰性气体电离，产生正离子和电子，电子被吸引向中心钨丝。由于钨丝很细，它附近的电场很强，电子在加速运动过程中，不断与气体分子碰撞，引起新的电离，管中形成所谓"雪崩"放电。在放电的同时产生大量光子，这些光子射在阴极上会引起光电效应产生光电子，这些光电子又引起新的大量气体分子的电离，最后在计数管整个阳极周围形成放电。在计数管中，靠近中心钨丝的电子很快地到达阳极。由于正离子质量大，运动速度小，因此有一层正离子包围着中心钨丝，形成正离子鞘。正离子鞘的存在使钨丝附近的电场减弱，新的电离过程停止。惰性气体的正离子在向阴极运动的过程中，从多原子分子那里取得电子中和。最后到达阴极的是多原子分子的正离子，它们从阴极取得电子而中和。中和时所放出的能量使更多原子分子分解而不产生光子，这就避免了正离子中和时产生光子所引起的新的放电。在正离子到达阴极时，计数管外电阻 R 上瞬间有电流通过，形成一个电压脉冲，次信号通过电容 C 被记录装置作为电压脉冲而记录下来。这样每射出一个粒子就出现一个脉冲，所以记录到脉冲数，就可以计算出放射物质的射线强度。

因 α 粒子不能穿透管壁，所以盖格 – 弥勒计数管不能用来记数 α 粒子，只能用来计数 β 粒子和 γ 光子。但因计数 γ 光子的效率降低，所以目前都用闪烁计数器来探测 β 粒子。

（2）射线测厚仪的类型。射线测厚仪的类型包括以下几种：

1）X 射线测厚仪。其都是穿透式的，用来测量板材的厚度。它在射线测厚仪中占有较大的比重。它的检测系统的核心是 X 射线源与 X 射线检测器。

X 射线测厚仪主要由检测系统、电气线路及机械装置三部分构成。其中检测系统的任务是将厚度信息转换为电信息，电气线路的任务是对电信息进行处理并显示被测厚度值，机械装置的任务是合理配置检测系统及电气线路，并保证被测板带从合适的位置通过，使厚度信息输入检测系统。

图 6-14 为单光束 X 射线测厚仪的组成示意图。X 射线源配置在 C 形架的下部，而 X 射线检测器与前置放大电路配置在 C 形架的上部。C 形架靠电动机拖动进出生产工艺线。被测板材从 C 形架中间通过。射线测厚仪一般都采用偏差显示。测量前先进行校正操作，即启动校正板的拖动装置，使它进入测量位置，对它进行测量，同时调整厚度给定电路，输入与校正板厚度相应的厚度给定信号，此时偏差指示应为零。如不为零，应进行调整。校正操作结束后推出校正板，引入被测板进行测量。校正板应是厚度准确的标准板，主要由它决定厚度给定的准确性。

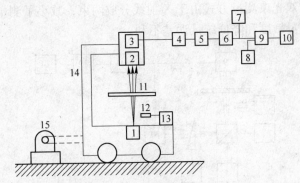

图 6-14 单光束 X 射线测厚仪的组成

1—X 射线源；2—X 射线检测器；3—前置放大电路；4—脉冲幅度甄别电路；
5—脉冲-模拟转换电路；6—对数转换电路；7—材质及温度补偿电路；
8—厚度给定电路；9—偏差放大电路；10—显示记录器；11—被测板；
12—校正板；13—校正板的拖动装置；14—C 形架；15—C 形架拖动电机

当 X 射线检测器采用闪烁计数器时，输出为电流脉冲信号，先经过前置放大，然后用电缆将信号送出 C 形架，进入电气柜。被放大的脉冲信号经过脉冲幅度甄别电路，检出有用信号，消去杂散干扰信号。被甄别后的脉冲信号经过脉冲-模拟转换电路变成模拟信号，然后将模拟信号进行对数转换、材质与稳度补偿及偏差放大等处理，最后由显示记录器显示与记录厚度偏差值。X 射线检测器也可采用电离室，这时它输出的不是数字信号，而是模拟信号。该信号经过前置放大后可直接进入对数转换电路。现代的 X 射线测厚仪几乎都采用微型计算机进行数据处理及操作控制。

为了保证单光束 X 射线测厚仪的精度及长时稳定性，要求 X 射线管发出的 X 射线的粒子流密度必须十分稳定。为此必须为单光束 X 射线测厚仪配置高精度的稳压及稳流电源。当被测板厚度改变时，一般不对单光束 X 射线测厚仪的 X 射线管的电压及电流进行调整。为了弥补这一点，在信息处理中采用对数转换电路，使显示器的输出对厚度偏差的灵敏度变均匀。

采用双光束测量方式可放宽对 X 射线管的电压与电流稳定度的要求。图 6 - 15 为双光束 X 射线测厚仪的组成示意图。从特制的双光束 X 射线管发出两束 X 射线，一束穿过被测板射向测量电离室，称为测量光束；另一束穿过给定楔射向参比电离室，称为参比光束。测量电离室输出电流方向与参比电离室输出电流方向相反，两者汇合后进入前置放大电路，经过放大后的信号用电缆送至偏差放大电路。偏差放大电路带有线性补偿与材质补偿网路。线性补偿是用来补偿因厚度不同而形成的偏差灵敏度的非线性。厚度偏差经方法后送入显示记录器。操作时要先给定厚度值及材质补偿值。厚度与补偿值给定后，经过给定楔拖动装置及控制电路使给定楔移动到与给定值相应的位置，同时通过稳压电源的控制电路将 X 射线管电压调整到与厚度给定值相应的值。

采用双光束测量方式可补偿由于 X 射线管的电压与电流波动而引起的 X 射线粒子流密度不稳定，从而提高测厚仪的稳定性，这是双光束测量方式的主要优点。但它的主要缺点是结构复杂。

近年来，由于电子技术的发展，高精度的高压稳压电源已经可制造出来，以保证 X 射线源的长时稳定性。双光束测量方式由于 X 射线分成两束，减小了测量光束的粒子流，因此对提高检测系统的灵敏度和降低统计误差不利。

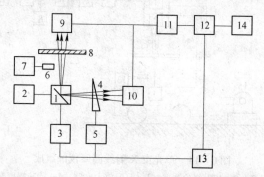

图 6 - 15　双光束 X 射线测厚仪的组成示意图

1—X 射线管；2—稳流电源；3—稳压电源及控制电路；4—给定楔；
5—给定楔拖动装置及控制电路；6—校正板；7—校正板拖动装置；
8—被测板；9—测量电离室；10—参比电离室；11—前置放大电路；
12—偏差放大电路；13—厚度给定与材质补偿给定；14—显示记录器

2）β 射线测厚仪。它用于检测薄带和镀层厚度。当用于检测镀层厚度时，都是反射式的。

图 6 - 16 为 β 射线反射式覆盖层厚度检测系统示意图。常用的 β 射线源为放射性核元素[90]锶。β 衰变时辐射出 β 粒子的能量是连续分布的，即几乎从零开始到某个最大值。[90]锶的 β 粒子最大能量为 0.546MeV，半衰期为 28 年，衰变时无 γ 射线辐射。覆盖层厚度检测系统的 β 射线检测器一般都采用电离室。

原子物理学指出，物质散射 β 射线的能力和它的原子序数有关。轻元素的散射能力小，重元素的散射能力大。在铁上镀锡就是这类情形。覆盖层与基底材料的原子序数相差越大检测系统的灵敏度越高。覆盖层厚度不同时灵敏度不同，覆盖层较薄时灵敏度较高。

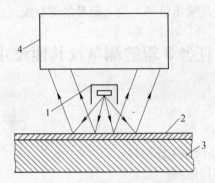

图 6-16　β 射线反射式覆盖层厚度检测系统示意图

1—β 射线源；2—覆盖层；3—基底材料；4—β 射线检测器

3）γ 射线测厚仪。当测量的带钢厚度较大时，不能采用 β 射线测厚仪，而要用穿透能力较强的 X 射线和 γ 射线。目前，在热轧厂测量较厚的热轧带钢厚度时，就必须选用穿透能力较强的 γ 射线穿透式测厚仪。

现在以 HHF-212 型热轧用 γ 射线测厚仪为例，将其工作原理做简要介绍。图 6-17 为其方框图。从方框图可以看出，整个仪表可以分成四个部分：射线源、闪烁计数器、电子转换部分及数字显示部分。

仪器的工作原理是由放射源放出来强度为 I_0 的 γ 射线，在穿过被测带钢后，一部分 γ 射线被物质吸收，余下来的到达闪烁体，其到达闪烁体的强度 I 衰减。

强度为 I 的 γ 射线作用在闪烁体上，使闪烁体在单位时间里作 N 次闪光，I 越大，N 越大，即 N 和 I 成正比。光电倍增管把闪光次数放大，并且把放大的闪光次数变成电压脉冲数。这脉冲电压经过前置放大器放大后，作为闪烁计数器的脉冲信号输出。因此闪烁计数器把射线强度 I 按比例转换成一定大小的脉冲数，即输出脉冲频率 f 与 I 成正比。

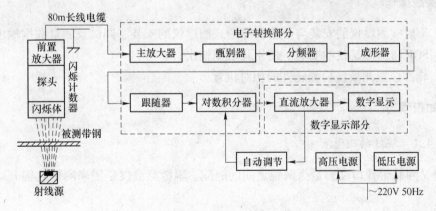

图 6-17　HHF-212 热轧 γ 射线测厚仪方框图

电子转换部分包括主放大器、甄别器、分频器、成形器、跟随器和对数积分器。主放大器把脉冲电压放大。甄别器只让高度超过一定数值的脉冲通过，而把高度低于这个数值的脉冲截住。分频器只让一定范围频率的脉冲通过，其他干扰信号通不过。成形器是把形状不规则的脉冲信号整形成较规则的脉冲信号。跟随器的特点是输出能够"跟随"输入的波形，而且有功率放大的作用。跟随器有高的输入阻抗和低的输出阻抗，对前后级起缓冲作用，对数积分器的作用是使输出信号与输入信号的对数成正比。

6.3　任务3 辊缝测量及其他尺寸测量

6.3.1　学习目标

知识目标：

（1）双光束 X 射线测厚仪的工作原理；

（2）β 射线测厚仪的工作原理；

（3）SGF 型辊缝测量仪的工作方式；

（4）激光测径仪、CCD 测径仪的工作原理；

（5）轧件长度、位置、轧机刚度测量方法。

能力目标：

（1）使用 X 射线测厚仪和 β 射线测厚仪进行轧件厚度测量；

（2）使用 SGF 辊缝测量仪测辊缝；

（3）测长仪、轧件位置检测仪的使用及输出。

6.3.2　工作任务

（1）X 射线测厚仪测量轧件厚度；

（2）β 射线测厚仪测量轧件厚度；

（3）SGF 辊缝测量仪检测辊缝；

（4）轧件位置检测仪测轧件位置。

6.3.3　实践操作

（1）X 射线测厚仪的安装与使用，穿透式测厚仪的安装、调试及测量数据输出；

（2）SGF 辊缝测量仪的安装、使用及数据输出；

（3）轧件位置测量仪检测轧件的相对位置。

6.3.4　知识学习

6.3.4.1　辊缝的测量

辊缝又叫轧辊开口度，是指两辊之间的缝隙。辊缝测量仪是用来测量轧辊开口度的绝对值。

目前，在带钢热轧机上广泛应用直接测厚和间接测厚两种方式。直接测厚一般采用射线测厚仪进行测量，多在连轧机组头、尾两架上采用；而中间几架多用间接测厚。它是通过对轧制力和辊缝的测定，经过简单的逻辑运算，而确定带钢在每一轧制瞬间的厚度。

轧机的原始辊缝值（即不进行轧制时）并不等于轧件的出口厚度。因为当轧机进行轧制时，原始辊缝值将增大（因弹跳），其增大值取决于轧机的刚度系数 K 和轧制力 P。所以，轧机出口处的板厚 h 可由无负荷时轧辊开口度 S_0 及轧机弹跳值来确定，即

$$h = S_0 + \frac{P}{K} \qquad\qquad (6-2)$$

因此，正确设定和测量轧机无负荷时的开口度，对保证成品的厚度和轧机负荷的合理分配是很必要的。

轧辊压下（或压上）设备用于调节辊缝，其驱动方式有电动压下和液压压下。

电动压下装置基本上由压下螺丝、螺母和驱动压下螺丝的蜗轮蜗杆机构构成。此时为测定辊缝要检测出压下移动量。检测方法主要有两种：一种方法是在蜗杆端部相连的压下驱动电机轴上安装转动位移器；另一种方法是利用安装在压下螺丝上端的顶端传感器（实际上是检测压下螺丝转动位移的检测器）。顶帽传感器直接检测出压下螺丝位置，由于不含有蜗杆传动机构以后部分的间隙，所以可以高精度地测定辊缝，顶帽传感器的构造如图6-18所示。蝶形弹簧是为了吸收压下螺丝的上下移动量而装设的，为了将间隙控制到最小，装在位置检测器盒内的齿轮有消除间隙的构造。此外，由于顶帽传感器安装在牌坊上部，故必须考虑耐轧件咬入时的冲击和振动。

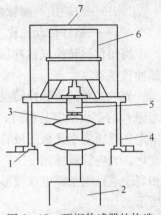

图6-18　顶帽传感器的构造
1—机架；2—压下螺丝；
3—蝶形弹簧；4—台架；
5—轴承；6—位置检测器；
7—保护罩

液压压下是将液压缸安装在上支撑辊的上面和下支撑辊的下面，承受轧制力。液压缸的油柱量是可变的，借此可调整轧辊辊缝。该油柱的测定方法一般是以直线位移的形式直接或间接地测定活塞的运动。

辊缝的相对值是由上述方法检测出的压下装置的位移和上下轧辊直径共同确定的。为了求出辊缝值，必须设定基准点。采用的方法是以通常最大轧制负荷1/5~1/10左右的力使上下辊接触，取此时轧制驱动装置的位置作为基准点。

辊缝可以用顶帽传感器测定。安装在顶帽传感器中的转动位移检测器可以是同步分解器、脉冲发生器和电位计等。辊缝也可以用油柱位置检测器测定。

SGF型辊缝测量仪由光电式角度位移脉冲转换器、主机（测量仪表）和外显示器三部分组成。其中光电式角度位移转换器安装在轧机上，一般通过联轴节与蜗杆刚性连接。光电式角度位移转换器检测出的信号由电缆送至安装在仪表室内的测量仪表进行一系列处理后，再送到安装在操纵台上的外显示部分进行数码显示。

一般轧机的辊缝变化是通过压下螺丝的位置实现的。压下电机的旋转经过蜗轮蜗杆传动，带动压下螺丝上下移动，使辊缝值改变。这样，辊缝值可经过机械传动，转换成旋转角位移。故辊缝测量不必直接去测量两辊之间的间隙，而可直接测量其角位移。只要将角位移转换成脉冲信号，测定出脉冲数，就可确定辊缝值。

当蜗杆传动速比为80，压下螺丝的螺距为16mm时，如果要求每输出一个脉冲表示辊缝值变化为0.01mm，则在角度-脉冲转换器与蜗杆刚性连接的条件下，要求转换器每转一圈发生的脉冲数为

$$p = \frac{s}{a \cdot i} = \frac{16}{0.01 \times 80} = 20 \qquad\qquad (6-3)$$

式中　p——每圈发生的脉冲数，即开槽数；

　　　s——压下螺丝的螺距；

　　　a——每输出一个脉冲时辊缝的变化值；

　　　i——蜗杆传动速比。

　　将角位移转换成脉冲信号的方法很多，SGF 型辊缝测量仪目前采用的是光电式角位移脉冲转换器。

　　光电式角位移脉冲转换器的工作原理如图 6-19 所示。固定光栅和扫描光栅（即旋转光栅）的刻线密度是相同的，在固定光栅和扫描光栅的两边分别装有光源和光敏三极管，固定光栅固定于光敏三极管之前。当扫描光栅转动时，每转换一根刻线就产生一次明暗的变化，光电管就感光一次，产生光电流。电流小的地方，相当于遇到暗条，电流大的地方相当于遇到明条。电流波形可看成是在一个直流分量上叠加了一个交流分量，如图 6-20所示。

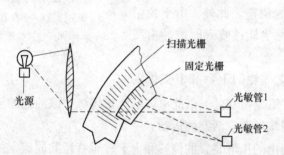 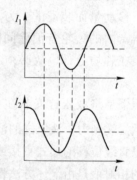

图 6-19　光电式角位移脉冲转换器　　　　图 6-20　两个光敏管的电流波形

　　当压下螺丝转动时，扫描光栅随之转动，使光敏三极管时而感光，时而不感光，产生电脉冲信号，根据电脉冲的数目可以测知辊缝的大小。辊缝值的增大或减小，对应着压下螺丝的正转或反转，也对应着扫描光栅（光码盘）的正转或反转。为了辨别光码盘旋转方向，固定光栅的两排光栅相差 90°的角，同时采用两只光敏管。当扫描光栅顺时针转动时，光敏管 1 先感光，则其输出信号在相位上超前光敏管 2 的输出信号 90°；反之，当逆时针转动时，光敏管 2 先感光，则其输出信号应超前光敏管 1 的输出信号 90°。两个光敏管的电流波形如图 6-20 所示。因此通过其感光的先后来判别光码盘的旋转方向，也即判别辊缝值的增大或减小。

　　辊缝测量仪原理方框如图 6-21 所示。测量仪表的主要功能在于：当压下螺线右螺旋旋进时，即压下螺丝下降，对应着辊缝值减小，这时要求仪表作减法计数；当压下螺丝旋退时，即压下螺丝上升，对应着辊缝值增大，这时要求仪表作加法计数。

　　又设定压下螺丝下降时，转换器为顺时针方向旋转，并设定这时光敏管 1 比光敏管 2 先感光。应该使这时送入的光电脉冲作减法计数。

　　两个光敏三极管发出的脉冲信号都要经过射极耦合触发器（斯密特电路）进行整形。但光敏管 1 的输出信号，进入射极耦合触发器后，从触发器的两个三极管集电极取出两路

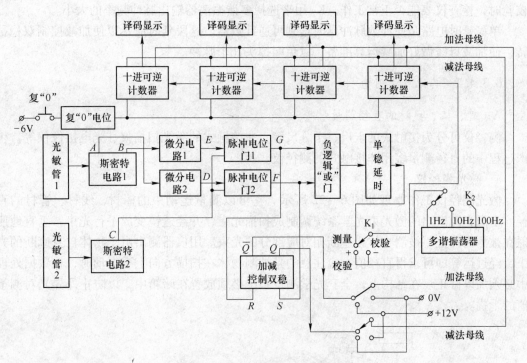

图 6 – 21　辊缝测量仪原理方框图

相位相差 180°的脉冲。一路为 A 点的输出经过微分电路 2 到达 D 点；一路为 B 点的输出经过微分电路 1 到达 E 点。这两路脉冲能否继续传输下去，是受着光敏管 2 输出信号控制。

当光敏三极管 1 比光敏三极管 2 先感光时，光敏三极管 2 经过斯密特电路 2 整形后的信号在 C 点的负脉冲，在相位上正好使脉冲电位门 2 开放，让 D 点这一路脉冲通过电位脉冲门 2 到达 F 点作减法计数。到达 F 点的负脉冲信号，一方面，经过负逻辑"或"门电路、单稳延时电路进入可逆计数器作为计数脉冲；另一方面，到达 F 点的负脉冲同时加到加减控制双稳触发器，使减法母线为 +12V，加法母线为 0V，从而保证可逆计数器作减法计数。而到达 E 点脉冲不能通过电位脉冲门 1，下面的过程就不能进行。

反之，若压下螺丝旋退时，转换器逆时针旋转，光敏管 2 比光敏管 1 先感光，这时应作加法计数。

光敏管 1 输出信号经斯密特电路后，同样输出两路相位相差 180°脉冲。它经过微分电路分别到达 D 点和 E 点。由于光敏管 2 先感光，它输出信号在 C 点相位上正好使脉冲电位门 1 开放，让 E 点的负脉冲通过到达 G 点，而 D 点的负脉冲则不能继续传输下去。到达 G 点的负脉冲，一方面通过负逻辑"或"门电路、单稳延时电路进入计数器作为计数脉冲；另一方面 G 点的负脉冲又加到加减控制双稳触发器，使加法母线为 +12V，减法母线为 0V，从而保证计数器作加法计数。

复零电路的位置，是为了使仪表指示回零。当选择辊缝的机械零位调好后，按下复"0"按钮，使仪表的显示数码管复零。

另外，设有仪表工作状态选择开关 K_1，打到测量时，仪表进行辊缝值的测量；打到校验时，检查仪表能否正常工作。K_2 用来选择多谐振荡器输出脉冲频率的大小。

单稳延时电路是使计数脉冲延时送到可逆计数器。这段延时应足以使加减控制双稳翻转，使加减母线做好加减运算准备，以免漏掉头几个脉冲。

6.3.4.2　其他尺寸测量

A　管、棒、线材的直径测量

测径仪可分为接触式的卡尺、千分尺等，非接触式的激光扫描仪、光电摄像仪等。生产过程中的直径测量多用非接触式的测径仪。

a　激光测径仪

激光测径仪工作原理如图 6-22 所示。它可以测量运动中的棒材、线材、管材的直径。由激光源发出的激光束光学系统调制成扫描光束，并经透镜变成平行光束，垂直地照射在被测物体上，被测物体会遮断相对应部分的光束。用仪器测出由于物体自身遮断的光束，经过运算即可求得直径值。应注意的是被测物体在扫描方向上有振动时，在数据处理中必须加以修正。在结构上，全套光学测量系统必须放置在暗箱中，以防止外界光对测量值的干扰。

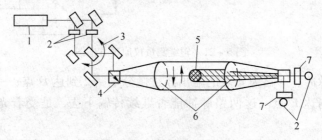

图 6-22　激光测径仪

1—激光发生器；2—偏光板；3—旋转镜；4—光束分离器；

5—被测物体；6—透镜；7—受光器

b　线型 CCD 测径仪

图 6-23 是用线型 CCD 传感器测量线、棒材尺寸的基本原理示意图。

首先借助光学成像法将被测物的未知长度 L_x 投影到 CCD 线型传感器上，根据总像素数目和被物像遮掩的像素数目，可以计算出尺寸 L_x。

图 6-23(a) 表示在透镜前方距离 a 处置有被测物，其未知尺寸为 L_x，透镜后方距离 b 处置有 CCD 传感器，该传感器总像素数目为 N_0。若照明光源由被测物左方向右方发射，在整个视野范围 L_0 之中，将有 L_x 部分被遮挡。与此相应，在 CCD 上只有 N_1 和 N_2 两部分接受光照，如图 6-23(b) 所示。于是可以写出

$$\frac{L_x}{L_0} = \frac{N_0 - (N_1 + N_2)}{N_0} \tag{6-4}$$

此处 N_1 为上端受光的像素数；N_2 为下端受光照的像素数，由测得的 N_1 和 N_2 的值，从而算得被测尺寸 L_x。

用 CCD 为接受元件的测径仪，测量范围小于 $\phi75\text{mm}$ 时，其测量精度达 $\pm20\mu\text{m}$。测量 $\phi350\text{mm}$ 管径时，精度达到 $\pm0.1\text{mm}$。

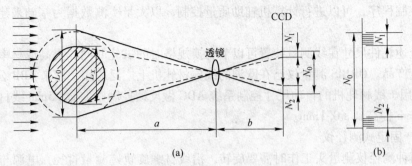

图 6-23 用 CCD 测较小尺寸基本方法
(a) CCD 光路图；(b) CCD 成像图

c 英国 IPL 公司的 ORBIS 测量仪

这种测量仪由测头、计算机信号处理装置和显示器 3 个主要部分组成。测头的光路图如图 6-24 所示，光源 1 所发出的光经反射到平行光透镜 2 后变成平行光。当轧件 3 穿过中间是空腔的测头时，挡住了一部分平行光，摄像机检测到被遮挡的光束之后，将信号送至计算机，转换成轧件尺寸的数据，然后送至显示器上进行实测数据的数字显示和图形显示。为了能够测量不同方位上的轧件尺寸，ORBIS 测头以 100r/min 的速度绕其中心旋转。每隔 2° 进行 1 次测量，将测得的最大、最小尺寸和其他任意 4 个部位的尺寸（如圆钢的垂直尺寸，水平尺寸及 2 个肩部尺寸）在显示器上显示出来，显示的内容由测头每转半圈刷新一次。这种测头的优点是，除了可以测量任意方位的轧件尺寸之外，还可以根据轧件肩部尺寸出现的方位来判断轧件在出成品机架到测量仪之间的扭转。

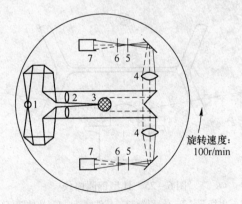

图 6-24 ORBIS 测量仪
1—光源；2—平行光透镜；3—轧件；4—物镜；5—光栏；6—滤光器；7—摄像机

ORBIS 测量仪除了适用于圆钢之外，也可用于方钢、六角钢和扁钢的轧制。为了补偿温度对测量值的影响，ORBIS 测量仪还配备了光学高温计，根据实测的温度和材料的热膨胀系数来计算轧件的冷尺寸。

d 德国 EBG 公司的激光测径仪

这种测径仪与 ORBIS 测量仪的工作原理基本相同，区别在于 EBG 公司的产品用功率为 10mW 的 He-Ne 激光器代替普通光源，抗干扰能力和寿命都有明显改进。此外，其计算机处理软件也更加丰富，除了有圆钢、方钢、扁钢、六角钢等测量程序之外，还有 SPC

统计过程控制程序，可以进行计算机辅助质量控制，以大量实测数据为基础来建立质量保证系统。

采用上述轧件尺寸在线测量装置可以节省换规格时的试轧时间，提高成材率，有利于生产高精度产品。ORBIS 测量仪已在欧洲的线棒材轧机上广泛应用，近来 ABB 公司将 ORBIS 测量仪用于线材轧机的自动尺寸控制系统 ADC 做反馈控制，使 $\varphi5.5mm$ 线材的尺寸精度由 ±0.2mm 提高到 ±0.1mm。

　　e　国产固定式测径仪

前述两种测径仪测量头工作时需要旋转，沿线材螺旋轨迹测量直径，电源与信号全靠滑环出入，要求加工制作精度极高。实际使用中，线材断面的关键尺寸是垂直高度、直径和辊缝处尺寸。天津兆瑞公司研制了 JDC – JGX 系列八头固定式激光扫描测径仪，可以同时刻、同断面显示线材八处外轮廓尺寸。通过智能软件处理，不但有直径参数，也能有耳子参数，基本反映了圆断面形状，测量误差 ±0.02mm。由于没有复杂的滑环，寿命长，占用距离短（400mm 宽）。测径仪装置由测径仪、大屏幕板和工控机组成。其售价为进口产品的五分之一。

　　B　型材尺寸测量

　　a　H 型钢测厚仪

H 型钢测厚的要求与钢板不同，它既要测出腰部厚度，也要同时测出两侧的腿部厚度。日本富士电机株式会社为此开发了一种射线测厚仪。它采用 1 个射线源、3 个传感器，可同时测量出 H 型钢腰中部和两侧腿部的厚度尺寸，如图 6 – 25 所示。新日铁公司与富士通公司也合作开发类似的 H 型钢 γ 射线厚度计，这两种测厚仪都已在生产中获得应用。

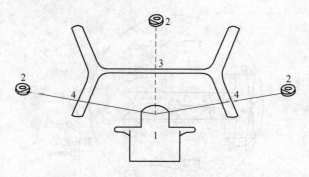

图 6 – 25　H 型钢测厚仪
1—射线源；2—传感器；3—轧件腰部；4—轧件腿部

另外，已有 H 型钢复合激光厚度计上市，这种方法更安全，在线体积也小很多，这是一种很有潜力的检测方式。

　　b　H 型钢测宽仪

像 H 型钢、钢板桩一大类型钢材，宽向尺寸较大，又有一定的公差要求。为了加强其宽向尺寸的管理和控制，研制出了 H 型钢测宽仪。其中钢板桩测宽仪安装在辊式矫直机的后部。其工作原理是：由光源发出的光束，利用摄像头测出被钢板桩遮挡的部分，信号送至计算机换算出轧件宽度。H 型钢腿部测宽仪安装在中轧机组或精轧机的后面，其测头可以利用高温轧件放射出的红外线来测量 H 型钢腿部尺寸，根据计算机设定的基准值进行测量。由东京光学机械株式会社制作，安装在新日铁君津大型厂的 H 型钢腿部测宽仪可以测量腿宽达 $115 \sim 550mm$、腰高达 $100 \sim 1000mm$ 的 H 型钢，测量精度为 $\pm 0.5mm$。

C 轧件长度测量

轧件长度尺寸的在线检测通常是采用各种形式的信号变换传感器，经过信号处理求得被测体的长度值。由于参量长度、位移、速度相互之间有着密切的关系，因此，可利用位移传感器、速度传感器等达到测长的目的。也有利用红外线、放射线、电磁现象、光电技术的测长仪。

a 型线材长度测量

（1）接触式测长法。图 6 – 26 所示为大型钢材的接触式测长法。其原理是：当轧件运行时，利用摩擦带动轮系转动，并由脉冲发生器发出脉冲，由计数器根据光电开关的动作计数，并换算成轧件长度。为了消除开始测量时接触面滑动带来的误差，利用电机先带动轮系转动起来，其测量精度为 $\pm 3mm$。这种测长仪曾用于新日铁界大型厂和广畑厂的成品长度检测。

（2）非接触式测长法。一种非接触开关式测长仪如图 6 – 27 所示。轧机至热金属检测器 A 的距离为 L_1，A、B 之间距离为 L_2，轧件头部从轧机咬入开始，到达 A、B 点的时刻分别为 t_0、t_1。轧件尾部脱离的时刻为 t_2，则轧件长度 $L = L_1 + \dfrac{t_2 - t_0}{t_1 - t_0} L_2$。这种测长方法已在日本的八幡、釜石、室兰、君津等厂在线使用。

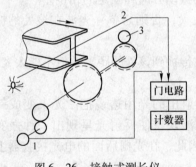

图 6 – 26 接触式测长仪
1—脉冲发生器；2—电开关；3—电机

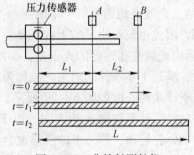

图 6 – 27 非接触测长仪

（3）磁性测长仪。磁性测长仪用来测量常温下线材的长度，利用着磁装置给运行着的钢带上磁信号，在距着磁装置一定距离 i 处设传感器，传感器检测到这个磁信号时发出脉冲，由计数器记录。据此，脉冲着磁装置使钢材再度着磁，如此循环往复，最后由记录到的脉冲总数乘以间距 i 可得钢材的总长。这种测长仪的精度可达 $0.05\% /100mm$。

b 板带材长度测量

板带材长度的测量，通常可根据测量旋转体的转数和半径来确定。但由于轧件和轧辊间的滑动以及轧制中辊径经常变化，所以测量误差较大，一般是有百分之几的偏差，因此，这种测量方法就不能在轧机自动测量中用。对板带材长度在线测量常用激光测长仪进行。

激光测长仪由激光器、检测器、电子部件和显示器等组成。其中激光器包括带有高电压电源的激光源。由检测器接收测量信号，然后变成脉冲送入电子部件中放大、运算，再由显示器显示出长度。

激光测长仪可根据实际情况选用干涉法或差分多普勒法。

（1）干涉法。干涉法基于光的干涉现象，以图 6-28 所示来简单介绍光的干涉现象。

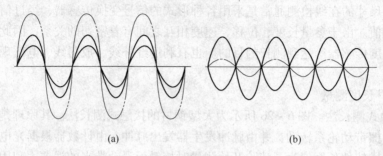

(a)   (b)

图 6-28 光波的叠加

（a）相位相同；（b）相位相反

当有两个波长相同的光波相叠加时，如果它们的相位相同，叠加后所合成的光波振幅增强，如图 6-28(a) 所示；如果两个光波相位相反，则合成的光波的振幅就相互抵消而减弱，如图 6-28(b) 所示。把光波在空间叠加而形成明暗相间的稳定分布的现象称为光的干涉。

能产生干涉的光波须满足下列条件：

1）频率相同的两束光波在相遇时，有相同的振动方向和固定的相位差。

2）两束光波在相遇处所产生的振幅差不应太大，否则与单一光波在该处的振幅没有多大差别，因此也没有明显的干涉现象。

3）两束光波在相遇处的光程差，即两束光波传播到该处的距离差值不能太大。

通常，满足上述条件的两束光波称为相干波。

激光干涉法测长度如图 6-29 所示。激光器射出的光用透镜把激光束变成一狭长光束，其方向是沿待测物的运动方向。由于光的干涉现象使反射光呈现出一种强变化的光斑。如果物体在运动，那么干涉图形也会运动，因此，在光栅后面的电光接收器上就会产生一种与物体运动速度成比例的光频率信号。

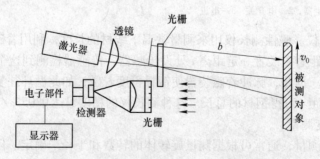

图 6-29 干涉法工作方式

干涉法激光仪采用两种不同的光学装置所能测定的速度为 $0.5 \sim 50 \mathrm{m/s}$。其测试结果与测头至轧件间距离无关，但频率与速度的关系要取决于物体的运动是平移还是转动。

平移运动时，被测频率（f）与被测物运动速度（v_0）之间的关系为

$$f = \frac{v_0}{\lambda} \tag{6-5}$$

式中　λ——波长，m。

转动运动时，被测频率（f）与被测物运动速度（v_0）之间的关系为

$$f = \frac{v_0}{\lambda}\left(1 + \frac{b}{r}\right) \tag{6-6}$$

式中　r——被测对象的曲率半径，m。

（2）差分多普勒法。差分多普勒法原理如图6-30所示。它由激光器发射光经过分光镜变成两条激光束，从不同运动方向的夹角射到物体上。根据多普勒效应，反射光相对于入射光要发生平移，如果这两束光正好射在物体同一位置上，则将两个已平移的反射光重叠而形成一个较低频率差。它和两束光的入射角之差与物体运动速度成正比。

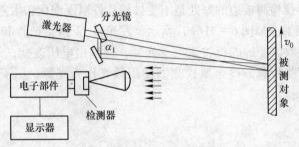

图6-30　差分多普勒法

差分多普勒法的测量范围为0.05～100m/s。差分多普勒法的测量频率与物体运动速度的关系对于平移和转动两种方式均适用。

$$f_D = \frac{v_0}{\lambda}\sin\alpha \tag{6-7}$$

式中　λ——波长，m；

　　　α——两束入射光的夹角。

由上述介绍的干涉法和差分多普勒法的原理可知：被测物体的表面特征对测试结果没有影响，一般只要激光束能被反射，那么测量结果就与表面特征无关。通常，当厚度不小于60μm时，测量结果皆准确。当测量高温物体时，为了遮挡高温轧件的固有辐射对测量结果的影响，可使用附加滤色片。

在实际生产中，轧件的传送有时带有振动。这样带材上表面的运动对激光镜头来说不仅仅是平移运动，它的每个点可说是做曲线运动。其曲率半径不断变化，并且不可测量。根据实际测量经验知：当从带材边缘处而不是从上表面测量轧件长度时，对于有振动的轧件，用干涉法较好。

用差分多普勒法测量时，其测量结果与物体振动无关。

激光法测量轧件长度，其优点是速度快，测量精度高，用在生产线上的剪机和锯机上，皆得到满意的效果。

D　轧件位置测量

a　板带位置测量

在板带生产过程中，有时还需要对轧件位置进行检测。

（1）热金属检测器。热金属检测器是通过检测热轧件的红外线来检测轧件存在或边部位置的检测器。它向轧机控制系统提供轧件位置信息。图6－31(a)是它的原理图。该图中被测工件（热轧件）辐射的红外线由物镜3聚焦，通过遮断可见光的过滤器，射到置于焦点位置的光电变换元件（硅太阳能电池）进行光电转换。光电变换元件的输出，由直流放大器放大，便可作为控制信号使用。

使用热金属检测器的被测板带的温度可在200℃以上。使用时，要充分考虑被测板带的温度变化或水蒸气等引起的检测能力的降低。

（2）γ射线板边检测器。应用γ射线检测轧件的存在或板边的位置，是加热炉和粗轧工序自动运行中不可缺少的检测器之一。图6－31(b)是它的原理图。图中γ射线源和γ射线检测器分别安装在板材的两侧位置。板材达到检测位置时，检测器发出的信号会急剧变化，则可检测出板材。将此信号放大用作控制信号。

使用γ射线检测仪检测板边的好处是不受被检轧件温度变化和水蒸气等影响。

（3）冷金属检测器。如图6－31(c)所示，发光器12和受光器13相对安装，发光器发出的光被受光器接收。经过的板材遮挡受光器，使输出电压改变，经整形放大，检波，变换位输出信号。有些特殊的冷金属检测器使用激光作为光源，用于检测精度要求高的地方。

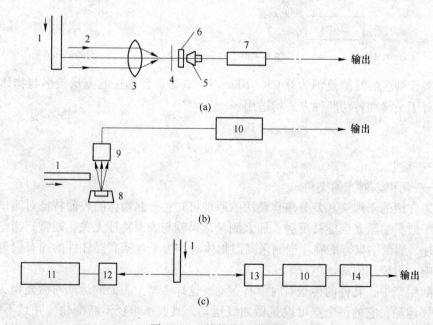

图6－31　轧件位置检测图

（a）热金属检测器；（b）γ射线板边检测器；（c）冷金属检测器

1—被测轧件；2—红外线；3—物镜；4—视野光圈；5—光电变换元件；
6—可见光切断过滤器；7—直流放大器；8—γ射线源；9—γ射线检测器；
10—放大器；11—震荡回路；12—发光器；13—受光器；14—检测器

b　型材位置检测和其他传感器

型钢生产过程的自动化离不开轧件位置的检测仪器。如从加热炉直到精整线上用于跟踪轧件的热金属检测器、冷金属检测、光电管、行程开关、接近开关、压力继电器等。

　　除了对轧件位置检测之外，还需利用各种传感器件对生产过程中的温度、压力、甚至重量等参数进行在线检测。日本川崎公司水岛厂线棒材车间生产线上使用的各类传感器及其安装位置如图6-32所示。该车间共设置了21台测量轧件温度的辐射型温度计（含双温度计），第一阶段仅在粗轧机组设置了测力传感器，预定全部轧机都安装测力传感器。所设置的全周回转式端面形状检测仪既用于棒钢，也用于线材。此外还设置了在线涡流探伤仪，可以检测出长度方向上的线缺陷。

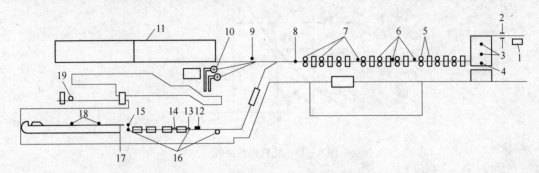

图6-32　线棒材车间传感器布置示例

1—坯料；2—入炉坯料测温计；3—炉内钢坯温度计；4—出炉钢坯温度计；5—压力传感器；

6—棒材在线温度计；7—棒材在线温度计；8—棒材断面形状检测仪；9—直行棒温度计；

10—BIC圆盘温度计；11—冷剪测温仪；12—精轧机组轧件测温仪；13—涡流探伤仪；

14—线材段检测仪；15—机械振动检测仪；16—线材温度计；

17—斯太尔摩线测温仪；18—卷线秤；19—打捆记数

　　E　轧机刚度测量

　　表示轧机的弹性变形与轧制力之间的关系曲线称为轧机的弹性曲线，如图6-33所示。轧制力越大，轧机的弹性变形也越大。由图可见，轧机的弹性曲线并不完全是一条直线，在弹性曲线的起始段，不是直线，而是一小段曲线，这是由轧机各部件之间存在着一定的间隙。随着轧制力增加，弹性曲线的斜率逐渐增大。当轧制力增加到某一区段（$P_1 \sim P_2$之间）时，弹性曲线才近似于直线。实际生产中，轧机大多工作在弹性曲线的直线段范围内。因此，通常把直线段部分的斜率称为轧机刚度系数

$$K = \frac{P}{f} \tag{6-8}$$

式中　K——轧机刚度系数，t/mm；

　　　P——轧制力，t；

　　　f——轧机弹跳值，mm。

　　轧机刚度系数的物理意义是表示轧机刚度的，即当轧机产生单位（1mm）弹性变形时所需要的轧制力。此力越大，即刚度系数越大，弹性曲线越陡，表明轧机刚度越大，则轧机的弹性变形就越小。因此，轧机刚度（也称为轧机模数），是指轧机工作机座抵抗弹性变形的能力。通俗一点说，即表示轧机工作机座的软硬程度。

　　由轧机的刚度系数 $K = \frac{P}{f}$ 可知，轧机刚度系数与轧制力和轧机弹跳值有关。所以，如果测得各种大小的轧制力与其相应的弹跳值，就能作出轧机的弹跳曲线，从而可求得该

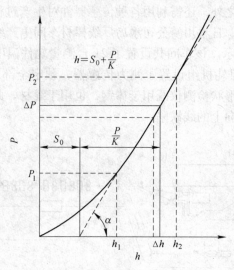

图 6 – 33　轧机弹性曲线

轧机的刚度系数。轧制力可由测力传感器测得，而轧机的弹跳值有两种测量方法，因此，轧机刚度系数测量也有两种不同的方法。

　　a　轧板法

此法又可分为固定辊缝和改变辊缝两种方法。

（1）固定辊缝轧板法。预先固定轧辊辊缝，然后将不同厚度的轧件依次送入轧辊中轧制，同时测出每一道次的轧制力和轧出的轧件厚度。求出该道次的轧机弹跳值，即可绘出轧机的弹性曲线，可求出轧机的刚度系数。

（2）改变辊缝轧板法。固定轧件厚度，改变辊缝，以轧出不同厚度的轧件。同样测出每一道次的轧制力和轧出的轧件厚度。求出该道次的轧机弹跳值，绘出弹性曲线，求出轧机的刚度系数。

用这种轧板法确定的轧机刚度称为动刚度。

用这种方法测定刚度时，辊缝可用铅条法测出原始辊缝 S_0。但是应当指出，实际上，由于轴承有间隙，所以在轧辊自重作用下，测出的 S_0 比真实的辊缝小一个轴承间隙。因此，为了精确测出 S_0，需要将轧辊顶起后再测辊缝。

对于冷轧钢板轧机，因为随时可以精确测量轧前、轧后的钢板厚度，所以可以用轧板法测量刚度。首先分别测出各道次的 P，S_0 和 h，由式

$$K = \frac{P}{h - S_0} \qquad\qquad (6-9)$$

可得到不同轧制力 P 时的 K 值。

对于热轧钢板轧机（特别是连续式轧机），不能用此法测量。为此需用高压油缸顶轧辊来测量压力 $P(kN)$ 及油缸上升量 $Q(mm)$，可得：

$$K = \frac{P}{Q} \qquad\qquad (6-10)$$

　　b　空压靠法

在轧机不进行轧制时，利用轧机的压下电机，调节压下螺丝使工作辊与工作辊相接触

（压靠）。通过压下螺丝加载，此时由测力传感器测出轧辊压靠时的压力。由装在压下装置上的自整角机测出压下螺丝位移（它等于轧机各部件变形量的总和）。这样，从工作辊压靠时起（压力位 0 值）到压靠完（压力位 P 值）止，每压下一次压下螺丝，就记录一次轧制力和压下螺丝行程 H（即为轧机总变形）。绘制出从轧制力为零到最大轧制力的弹性曲线，求得轧机刚度系数

$$K = \frac{P}{H} \qquad (6-11)$$

用这种方法确定的轧机刚度称为静刚度。

上述几种刚度测定法各有优缺点。固定辊缝的轧板法，数据处理简单，但实际测点的变动范围受到坯料厚度范围限制。改变辊缝的轧板法，可用较少的坯料在比较大的轧制力范围内进行测定，但要求辊缝显示一定要精确。在大型轧机上，用轧板法测定刚度比较困难。如用压靠法，可以迅速简易地测出从零载到最大载荷的弹性曲线，但它不能真实地反映出轧制时的弹跳情况，因为板宽总是小于辊身长度的，所以轧板时的轧辊弯曲和压扁变形均要大于空辊压靠时的情况，实际结果也证明了这一点。

6.3.5　习题

（1）板带厚度测量的方法有哪些？

（2）板材宽度测量的方法有哪些？

（3）轧件位置检测是怎样进行的？

参 考 文 献

[1] 刘元扬，刘德溥. 自动检测和过程控制（第2版）[M]. 北京：冶金工业出版社，1987.

[2] 张李东. 过程控制技术及其应用 [M]. 北京：机械工业出版社，2004.

[3] 李福进. 钢铁厂过程测量及控制仪表 [M]. 北京：冶金工业出版社，1995.

[4] 郭爱民. 冶金过程检测与控制 [M]. 北京：冶金工业出版社，2004.

[5] 曹才开. 检测技术基础 [M]. 北京：清华大学出版社，2009.

[6] 铁道部科学研究院铁道建筑研究所. 电阻应变片 [M]. 北京：人民铁道出版社，1977.

[7] 黎景全. 轧制工艺参数测试技术 [M]. 北京：冶金工业出版社，1984.

[8] 王凤鸣. 非电量检测技术 [M]. 北京：国防工业出版社，1991.

[9] 喻延信. 轧制测试技术 [M]. 北京：冶金工业出版社，2002.

[10] 吕崇德. 热工参数测量与处理 [M]. 北京：清华大学出版社，1990.

冶金工业出版社部分图书推荐

书 名	作 者	定价(元)
自动检测和过程控制（第4版）（本科教材）	刘玉长	50.00
电工与电子技术（第2版）（本科教材）	荣西林	49.00
计算机网络实验教程（本科规划教材）	白 淳	26.00
FORGE塑性成型有限元模拟教程（本科教材）	黄东男	32.00
机电类专业课程实验指导书（本科教材）	金秀慧	38.00
现代企业管理（第2版）（高职高专教材）	李 鹰	42.00
基础会计与实务（高职高专教材）	刘淑芬	30.00
财政与金融（高职高专教材）	李 鹰	32.00
建筑力学（高职高专教材）	王 铁	38.00
建筑CAD（高职高专教材）	田春德	28.00
矿井通风与防尘（第2版）（高职高专教材）	陈国山	36.00
矿山地质（第2版）（高职高专教材）	陈国山	39.00
冶金过程检测与控制（第3版）（高职高专教材）	郭爱民	48.00
单片机及其控制技术（高职高专教材）	吴 南	35.00
Red Hat Enterprise Linux服务器配置与管理（高职高专教材）	张恒杰	39.00
组态软件应用项目开发（高职高专教材）	程龙泉	39.00
液压与气压传动系统及维修（高职高专教材）	刘德彬	43.00
焊接技能实训（高职高专教材）	任晓光	39.00
高速线材生产实训（高职高专实验实训教材）	杨晓彩	33.00
电工基本技能及综合技能实训（高职高专实验实训教材）	徐 敏	26.00
单片机应用技术实验实训指导（高职高专实验实训教材）	佘 东	29.00
电子技术及应用实验实训指导（高职高专实验实训教材）	刘正英	15.00
PLC编程与应用技术实验实训指导（高职高专实验实训教材）	满海波	20.00
变频器安装、调试与维护实验实训指导（高职高专实验实训教材）	满海波	22.00
供配电应用技术实训（高职高专实验实训教材）	徐 敏	12.00
电工基础及应用、电机拖动与继电器控制技术 　实验实训指导（高职高专实验实训教材）	黄 宁	16.00
微量元素Hf在粉末高温合金中的作用	张义文	69.00
钼的材料科学与工程	徐克玷	268.00
金属挤压有限元模拟技术及应用	黄东男	38.00
矿山闭坑运行新机制	赵怡晴	46.00